Dr. Ijaz Ur Rahman Durrani

Ouro de tolo

Dr. Ijaz Ur Rahman Durrani

Ouro de tolo

O fabrico da bomba atómica paquistanesa

ScienciaScripts

Imprint
Any brand names and product names mentioned in this book are subject to trademark, brand or patent protection and are trademarks or registered trademarks of their respective holders. The use of brand names, product names, common names, trade names, product descriptions etc. even without a particular marking in this work is in no way to be construed to mean that such names may be regarded as unrestricted in respect of trademark and brand protection legislation and could thus be used by anyone.

Cover image: www.ingimage.com

This book is a translation from the original published under ISBN 978-620-7-64871-9.

Publisher:
Sciencia Scripts
is a trademark of
Dodo Books Indian Ocean Ltd. and OmniScriptum S.R.L publishing group

120 High Road, East Finchley, London, N2 9ED, United Kingdom
Str. Armeneasca 28/1, office 1, Chisinau MD-2012, Republic of Moldova, Europe
Printed at: see last page
ISBN: 978-620-7-70822-2

FOOL'S GOLD

ESCRITO POR

Dr. IJAZ UR RAHMAN DURRANI

Índice

INTRODUÇÃO:

Este é um breve livro que narra o fabrico da bomba paquistanesa. O autor começa por traçar a história dos explosivos, conduzindo gradualmente o leitor até ao Projeto Manhattan, quando a primeira bomba de fissão foi fabricada em Los Alamos - foi a primeira e única peça original de perícia técnica de alto nível, partilhada conjuntamente pelos melhores cientistas do mundo. O autor sublinha o facto de os países que mais tarde fabricaram bombas terem sido diretamente ajudados pelos EUA, como a Grã-Bretanha e a França, ou terem recebido clandestinamente informações sensíveis, como a ex-União Soviética. Na sequência do desastre de Dacca, Zulfikar Ali Bhutto assumiu o cargo de Primeiro-Ministro do Paquistão e, quase de imediato, convocou uma reunião com os funcionários da Comissão de Energia Atómica do Paquistão e deu-lhes instruções para fabricarem um engenho nuclear dissuasor, custasse o que custasse. Reiterou que a nação estava disposta a "comer erva", mas que a aquisição da bomba era uma condição sine qua non da independência e da soberania do Paquistão. O Chefe de Estado fez um apelo claro e o fabrico da bomba começou a sério. Por sorte, o Dr. AQ Khan, um metalúrgico paquistanês, estava a trabalhar numa empresa de enriquecimento de urânio na Holanda, onde tinha acesso aos meandros do processo de enriquecimento. Conseguiu obter o "no know" necessário, regressou ao Paquistão e, mais tarde, lançou a unidade de enriquecimento em Kahuta. O resto é história, registada no livro. O Paquistão detonou a 28 de maio de 1998, quase duas décadas e meia depois de a Índia o ter feito em maio de 1974. O Paquistão tornou-se, assim, o sétimo Estado nuclear do mundo. Infelizmente, ao mesmo tempo, o Islão militante criou raízes e asas. O Paquistão deseja ardentemente não deixar que as armas nucleares caiam nas mãos dos islamistas. Se isso acontecer, a nossa arma nuclear pode vir a ser apenas "OURO DE TOLO" - o título do livro. O livro tem 15 capítulos e 252 páginas.

Dr. Ijaz ur Rahman Durrani

(O Autor)

18 de maio de 2024

Capítulo 1: A invenção da pólvora :

O fogo pode causar tantos danos e criar tanta confusão, caos e terror que não é surpreendente que a utilização de incendiários na guerra remonte a tempos muito antigos. Os baixos-relevos assírios do Museu Britânico, datados de cerca de 900 a.C., mostram potes de fogo a serem lançados sobre as tropas que cercavam uma cidade, e os primeiros escritores apresentam relatos pormenorizados, e por vezes escabrosos, da utilização de incendiários. Heródoto descreve a utilização de flechas com pontas de estopa incandescente na captura de Atenas, em 480 a.C., e Tucídides conta como foi acesa uma enorme fogueira contra as muralhas de madeira de Platea[1] , em 429 a.C.. Mais notável ainda, descreve a utilização de zarabatanas no ataque a Delium, em 424 a.C:[2]

" Pegaram numa grande viga, serraram-na em duas partes, ambas completamente vazias, e depois voltaram a encaixar as duas partes, como nas juntas de um tubo. Um caldeirão foi então preso com correntes a uma das extremidades da viga. Grande parte da superfície da própria viga foi revestida com ferro.... Quando esta máquina era levada para junto da muralha da cidade, introduziam-se grandes foles na sua extremidade da viga e sopravam através deles. O sopro, confinado no interior do tubo, ia diretamente para o caldeirão, que estava cheio de carvão aceso, enxofre e pez. Produziu-se uma grande chama que incendiou a muralha e impossibilitou os defensores de permanecerem nos seus postos. Estes abandonaram a sua posição e fugiram; e assim a fortificação foi capturada".

No início, utilizavam-se como combustível quase todos os materiais disponíveis localmente que pudessem arder, mas, com o tempo, foi-se adquirindo um grau de sofisticação invulgar. Uma coletânea de receitas supostamente contemporâneas[3] revela todo um catálogo de fogos de bruxa. Outro tipo de fogo para queimar os inimigos onde quer que eles se encontrem", diz-nos[4] , "pegando em petróleo, piche líquido e óleo de enxofre. Ponha tudo isto num pote de cerâmica enterrado num estrume de cavalo durante quinze dias. Retire-o e unte com ele os corvos que podem voar contra as tendas do inimigo. Quando o sol nascer e antes que o calor o tenha derretido, a mistura inflamar-se-á. Mas aconselhamos que seja usada antes do nascer do sol ou depois do pôr do sol'. Nos manuscritos árabes, estes infelizes corvos eram aparentemente incendiados antes de serem lançados; uma utilização semelhante de aves de fogo aparece nas primeiras obras chinesas.

Houve muitas outras formulações horríveis, todas tentando queimar mais do que as outras, mas a utilização de materiais incendiários entrou numa nova fase em 673 d.C., quando um arquiteto chamado Kallinkos levou o segredo do fogo grego de Heliópolis para Constantinopla. Esta majestosa cidade era o centro do Império Bizantino e o fogo grego viria a ser o eixo da defesa bem sucedida do império, contra ataques de todos os quadrantes, durante os 800 anos seguintes. Era um napalm embrionário, o Paládio do Império e, sem dúvida, o maior dissuasor da época.

Mas o que era o fogo grego continua a ser um mistério. O nome em si é amplamente utilizado, ou mal utilizado, para quase todas as misturas incendiárias, e pode ser usado como sinónimo de fogo selvagem, fogo molhado, fogo do mar, fogo marítimo, fogo automático ou óleo incendiário. Na Grã-Bretanha, onde o incendiário foi introduzido pela primeira vez no final do século XII, o termo fogo selvagem era geralmente preferido e manteve-se em uso na frase "espalhar-se como fogo selvagem". O facto de o fogo grego se propagar muito rapidamente sobre a superfície da água dá algumas indicações sobre a sua natureza. Foi sempre descrito como um material líquido ou semi-líquido; podia ser impulsionado através de tubos; flutuava na água; era muito difícil de extinguir; e foi possível, de alguma forma, manter o segredo do seu fabrico em Constantinopla durante muitos anos. O segredo estava, de facto, muito bem protegido pela Lei do Segredo Oficial da época. O Imperador Constantino VII decretou que se dissesse aos inquiridores que o segredo tinha sido revelado por um anjo, e havia avisos muito severos de que qualquer comunicação do segredo ao inimigo era traição e sacrilégio, trazendo consigo uma retribuição divina. Dizia-se que alguém que estava prestes a trair o segredo tinha sido atingido por um raio.

Qual era o segredo? Tudo indica que o principal componente do fogo grego era feito de óleo de rocha ou nafta. Trata-se de um material negro e pegajoso que não é comum na superfície terrestre, mas que se encontra, a escorrer do solo ou a flutuar nas poças de água, na região entre o Mar Negro e o Mar Cáspio. O óleo de rocha não arde muito facilmente, nem é um bom solvente. Mas se for destilado - e o grande segredo era provavelmente saber como o fazer em segurança - pode obter-se um óleo mais leve e inflamável. Provavelmente, era um óleo como este, engrossado pela dissolução de substâncias como o enxofre e a resina, que constituía o fogo grego. Uma receita antiga[5] diz: "Fará o fogo grego desta forma. Pegue em fígado de enxofre, tártaro, sarcocola e pez, sal cozido, óleo de petróleo e óleo comum. Ferva tudo isso bem junto. Depois mergulhe nela uma estopa e deite-lhe fogo. Se quiser, pode deitá-lo através de um funil. Depois acenda o fogo, que não se apaga senão com urina, vinagre e areia'.

Em terra, o fogo grego era lançado de balistas em grandes recipientes com a mistura já incendiada, ou projetado em vasos e depois inflamado por flechas incendiárias. No mar, era ejectado através de tubos ou sifões. Um relato de uma batalha naval entre gregos e pisanos, em 1103, dá uma boa ideia geral, mas é muito parco em pormenores técnicos. "Cada uma das galés bizantinas", diz o relato, "estava equipada na proa com um tubo que terminava com a cabeça de um leão ou de outro animal, feito de latão ou ferro, e dourado, espantoso de se ver, através da boca aberta do qual se dispunha que o fogo fosse projetado pelos soldados através de um aparelho flexível. "[6] Não é de todo claro como tudo isto poderia ter sido conseguido na prática. Brincar com fogo é uma atividade perigosa e o jogador pode facilmente queimar os seus próprios dedos. No entanto, os problemas devem ter sido ultrapassados com sucesso, porque o fogo grego serviu muito bem os bizantinos. O império floresceu, no total, durante onze séculos e só caiu em 1453, quando o fogo grego foi dominado pela pólvora relativamente recente dos invasores turcos.

Durante muitas centenas de anos, até à segunda metade do século XIX, a pólvora foi o único explosivo a ser utilizado como propulsor de armas e para a detonação de armas de guerra, minas e engenharia civil. Só começou a perder o seu monopólio com a descoberta dos chamados nitro-explosivos, como a dinamite e o algodão para armas, por volta de

1850.

Por ter um aspeto semelhante à fuligem, a pólvora é vulgarmente designada por "pólvora negra". Uma amostra típica moderna contém 75 por cento de nitrato de potássio, 10 por cento de enxofre e 15 por cento de carbono, mas as misturas antigas continham quantidades muito menores de nitrato de potássio. Os três componentes devem ser finamente pulverizados e devem ser bem misturados.

O enxofre é um sólido amarelo que arde no ar com uma chama azul bastante fraca. O carbono simplesmente arde, como num churrasco. Ambos arderão muito mais rapidamente numa atmosfera rica em oxigénio, especialmente se forem finamente pulverizados, e é o nitrato de potássio que detém a chave da pólvora porque fornece o oxigénio. Quando a pólvora, ou a pólvora negra, é acesa, o oxigénio do nitrato permite que o enxofre e o carbono ardam rapidamente, formando uma mistura de gases quentes que contém principalmente dióxido de enxofre e dióxido de carbono, de modo que se verifica um grande e rápido aumento de volume. Mas a explosão só ocorre se a pólvora for acesa num espaço confinado, como um recipiente fechado, um cano de arma ou um furo, para que a pressão possa ser suficientemente elevada.

O aumento de pressão da pólvora nunca é tão dramático como o dos grandes explosivos, como a dinamite ou o algodão para armas, pelo que é classificada como pouco explosiva. Não é muito eficaz para cortar chapas de aço, mas é adequada para empurrar projécteis para fora dos canos das armas ou para rebentar rochas quando é accionada num furo. É designada por explosivo propulsor para a distinguir dos altos explosivos, que têm um efeito de estilhaçamento muito maior. A dinamite dá um golpe fulminante; a pólvora dá um impulso mais prolongado e constante.

A pólvora é fácil de manusear, fácil de deflagrar (basta aquecê-la a 300° C) e muito segura, na medida em que os explosivos podem ser considerados seguros. Se for acesa ao ar livre, queima-se muito rapidamente, mesmo na ausência de ar. As principais desvantagens são a sua falta de potência, a produção de muito fumo e fumos desagradáveis quando explode e o facto de não explodir quando está húmido. Nos primórdios, o desencadeamento da pólvora envolvia sempre algum tipo de calor ou fogo - uma vareta quente, uma chama, uma faísca ou calor de fricção - e a utilização da palavra "fogo" persistiu em "fogo de artifício", "fogo de artifício" e "disparar a arma", apesar de as armas modernas serem geralmente desencadeadas pela explosão de um produto químico muito sensível através de um golpe brusco ou de percussão, como acontece com a pistola de ar comprimido de brinquedo das crianças.

A pólvora é o explosivo mais conhecido e o mais antigo, mas as suas origens estão envoltas em algum mistério. Qualquer investigador é rapidamente enredado numa teia de erros, interpretações e deturpações e a hipótese de encontrar uma resposta definitiva sempre foi bastante sombria. No entanto, alguns historiadores continuaram a procurar, analisando as afirmações de que a pólvora foi utilizada pela primeira vez na Pérsia, na Índia, na Arábia e na China. A opinião moderna mais autorizada é a de que a pólvora foi fabricada pela primeira vez na China, em meados do século IX d.C., por alquimistas Thang que procuravam, de facto, o elixir da imortalidade - um dos exemplos mais notáveis de invenção de uma coisa enquanto tentavam encontrar outra. A literatura chinesa antiga refere-se a "fogo químico" e a "droga de fogo", mas só em 1004 é que há uma menção específica à composição da pólvora e, mesmo nessa altura, não é dada qualquer informação sobre a proporção da mistura.

[th]A utilização mais antiga da pólvora foi certamente em fogos de artifício, pelos quais os chineses sempre tiveram uma paixão, mas a possibilidade de fabricar bombas e granadas simples^7 foi percebida durante o século XI. As implicações militares levaram os chineses a colocar a produção de enxofre e de nitrato de potássio sob o controlo do Estado e, em 1067, o imperador proibiu a sua venda a estrangeiros. O exército chinês contava já com mais de um milhão de homens e era necessário armá-lo o melhor possível para se defender dos ataques dos mongóis da Ásia Central.

Ninguém sabe ao certo como é que a notícia de toda esta notável atividade no Oriente chegou ao mundo ocidental, nem porque é que viajou tão lentamente, mas pode ter sido levada pelos sarracenos - esses homens intermediários entre o Oriente e o Ocidente - pois Roger Bacon, que contou a história pela primeira vez em cerca de 1260, sabia ler árabe.

Referências:

[1] Tucídides, History of the Peloponnesian War, trans. Rex Warner (Penguin Books, 1954), p.172

[2] Ibid; p.325

[3] Um Livro de Fogos de 6 páginas (Liber Ignum), atribuído a Marcus Graecus (Marcos, o Grego), enumera 35 receitas. Partington (cap. II) e

Hime, Artillery (cap. III) fornecem mais pormenores

[4] Ibid; receita n.º 3

[5] Ibid; receita n.º 26

[6] Partington , p.19

[7] Needham's Priestly Lecture, p.314

1- **ROGER BACON E OS EXPLOSIVOS:**

Roger Bacon nasceu em 1214, em Ilchester, Somerset, e uma inscrição colocada na Igreja de Santa Maria Maior, "por alguns admiradores do seu génio", para comemorar o sétimo centenário do seu nascimento, traça um esboço da sua vida e dos seus feitos. Diz o seguinte:

À memória imortal de Roger Bacon, um monge franciscano e também um livre inquiridor do verdadeiro conhecimento. Os seus maravilhosos poderes como matemático, mecânico, ótico, astrónomo, químico, linguista, moralista, físico e médico valeram-lhe o título de Doctor Mirabilis. Foi ele quem primeiro deu a conhecer a composição da pólvora e as suas investigações lançaram as bases da ciência moderna. Profetizou o fabrico de máquinas para impulsionar navios através da água sem velas ou remos; de carruagens para viajar em terra sem cavalos ou outros animais de tração; de máquinas voadoras para atravessar o ar. Foi aprisionado, passou fome e foi perseguido pela ignorância suspeita dos seus contemporâneos, mas um conhecimento mais completo aclama-o e honra-o agora como um dos maiores da humanidade. Nasceu em Ilchester em 1241. Morreu em Oxford em 1292.

Os sentimentos, como em muitas inscrições eclesiásticas, podem ser um pouco fartos, mas não há dúvida de que Roger Bacon era um homem muito culto e muito invulgar, embora continue a ser um enigma para os historiadores. Alguns consideram-no o arauto da aurora da ciência moderna, quase sozinho, no meio da escuridão do século XIII; outros consideram-no um feiticeiro e necromante cuja reputação depende apenas da lenda.

Pouco se sabe da sua infância, exceto que provém de uma família abastada, que, mais tarde, sacrificou a sua fortuna para ajudar o rei Henrique III na sua luta contra os barões. Roger foi aluno de Robert Grossest em Oxford, onde estudou teologia, geometria, aritmética, música, astronomia, grego, latim e árabe. Depois de ter passado algum tempo na Universidade de Paris, onde se formou de forma tão brilhante que foi apelidado de "Doutor Mirabilis", regressou a Oxford e tornou-se frade franciscano por volta de 1250. Viveu numa época em que a aprendizagem, a independência e a liberdade de expressão não eram muito encorajadas, mas em que novas perspectivas estavam a ser impostas à cristandade ocidental pelo impacto das traduções recentemente importadas das principais obras de filosofia grega e árabe.

Bacon, tal como todos os outros cristãos da sua época, acreditava que a Bíblia continha, de uma forma ou de outra, todo o domínio do conhecimento. No prefácio da sua Opus Majus, escrita a pedido do Papa Clemente IV, numa tentativa de reavaliar a situação em mudança, afirma:' Desejo mostrar que existe uma única sabedoria que é perfeita, e que esta está contida nas escrituras. Das raízes da sua sabedoria brotou toda a verdade. Por isso, digo que uma ciência é senhora de todas as outras, a saber, a teologia.[1] No entanto, dentro deste conceito medieval, era um grande defensor da observação cuidadosa e da experimentação; aquilo a que hoje em dia, mas num contexto muito diferente, se chamaria método experimental. Considerava a matemática como "a porta de entrada e a chave de todas as outras ciências" e esperava demonstrar que a ciência natural, longe de ser um perigo para a cristandade, era uma fonte de sabedoria e poder.

Foi o início da controvérsia entre Ciência e Religião. Em toda a sua busca da "sabedoria perfeita", Bacon aplicou o seu famoso adágio "sine experimentia nihil sifficientersciri potest" ("nada pode ser certo senão pela experiência"). Mas uma perspetiva tão nova e independente - nem sempre expressa com grande tato - colocou-o em conflito com outros franciscanos, alguns dos quais atacou como pedantes presunçosos e corruptos. De tal modo que, no final, os seus escritos e a sua liberdade foram restringidos.[2]

Bacon revelou a composição da pólvora num tratado intitulado De Secretisoperibusartis et naturae et de nullitatemagiae ("Sobre o maravilhoso poder da arte e da natureza e sobre a nulidade da magia"). É composto por onze cartas ou capítulos, e são conhecidas versões em latim, francês, alemão e inglês, embora a sua validade e as datas da sua publicação tenham sido muito discutidas pelos estudiosos. A obra tenta provar que certos acontecimentos, que na altura eram atribuídos à magia maligna, podiam ser devidos a causas naturais e podiam ser imitados pela experiência, e foi provavelmente escrita para defender o autor da acusação de ser culpado de magia. Bacon sugere que possibilidades inéditas como submarinos, aviões, bússolas, automóveis, pontes suspensas e lanternas mágicas poderiam ser criadas por meios naturais e sem qualquer tipo de truque. Isto era muito avançado para

1260. No entanto, tem o cuidado de não revelar facilmente quaisquer segredos. Escreve: "Mas lembro-me de que os segredos não devem ser colocados em peles de cabras e de ovelhas [isto é, em velino e pergaminho] para que qualquer pessoa os possa compreender", e "é louco quem escreve um segredo, a não ser que o esconda da multidão e o deixe de modo a que só possa ser compreendido pelo esforço dos estudiosos e dos sábios". E, depois de explicar sete formas diferentes de codificar os segredos, acrescenta: "Julguei necessário abordar estas formas de ocultação para vos poder ajudar tanto quanto possível. Talvez faça uso delas devido à magnitude dos nossos segredos".[3]

Um dos segredos a ser revelado era a composição da pólvora. Bacon refere-se a um material através do qual o "som do trovão pode ser produzido artificialmente no ar com maior horror do que se tivesse sido produzido por causas naturais". Em seguida, dá indicações enigmáticas sobre a forma de purificar a "pedra aérea" ou a "pedra do Tejo" (ou seja, o salitre) - uma parte vital do fabrico da pólvora -, refere-se a "certas partes de arbustos ou salgueiros queimados" (carvão) e ao "vapor de pérola" (enxofre). Mas a passagem mais famosa do livro, não universalmente aceite como autêntica, diz o seguinte:

Sedtamensaispetrae LURU VOPO VIR CAN UTRIET sulfuris et sic faciestonitruum et coruscationem; sic faciesartificium; Vides tames utrumloquor in seneigmate, velsecundunveritamet. [' Mas, no entanto, de salitre LURU VOPO VIR CAN UTRIET de enxofre, e assim fareis trovões e relâmpagos, e assim fareis o artifício (ou fareis o truque). Mas deve tomar nota se estou a falar num enigma ou de acordo com a verdade. "[4]

A frase em maiúsculas é ininteligível e parece provável que as palavras no final do capítulo - "Quem reescrever isto terá uma chave que abre e ninguém fecha; e quando fechar, ninguém abre" - se lhe aplicavam. A chave permaneceu escondida durante quase 650 anos, mas foi decifrada, em 1904, pelo Tenente-Coronel Hime, um oficial da Artilharia Real que estudou a história do fogo grego e da pólvora. Reconheceu as letras como um anagrama e reorganizou-as da seguinte forma

R VII PARTE V NÃO CORUL V ET

Assim, a receita da pólvora é a seguinte "Tome [R ainda significa tomar na prescrição médica atual] sete [de salitre], cinco de madeira de aveleira e cinco [de enxofre]". Obtém-se assim uma pólvora que contém 29,4% de carvão e enxofre e 41,2% de salitre, o que está muito próximo da composição das misturas de pólvora.

Só podemos adivinhar porque é que Bacon escondeu os pormenores com tanto cuidado. Talvez tivesse medo de divulgar um produto tão revolucionário e espantoso, que poderia ser considerado como associado à magia; talvez temesse a reação da Igreja e estivesse bem ciente da recém-fundada Inquisição; talvez o tenha feito em tom de brincadeira. O quebra-cabeças é tanto mais estranho quanto, passados poucos anos, ele estava a escrever muito mais abertamente sobre a pólvora. No OpumTertium, por volta de 1267, escreveu: "Há um brinquedo infantil de som e fogo feito em várias partes do mundo com pó de salitre, enxofre e carvão de madeira de aveleira. Esta pólvora é encerrada num instrumento de pergaminho do tamanho de um dedo, e como este pode fazer um barulho tal que perturba seriamente os ouvidos dos homens, especialmente se alguém for apanhado desprevenido, e o terrível clarão é também muito alarmante, se fosse usado um instrumento de grandes dimensões, ninguém conseguiria suportar o terror do barulho e do clarão".[5]

Não há dúvida de que Bacon sabia muito sobre a pólvora, por muito secretamente que tenha transmitido a sua informação, mas a afirmação, por vezes feita, de que a inventou é certamente falsa. A pólvora já era conhecida na China há quase 400 anos antes de ele escrever sobre ela no Ocidente.

Há mesmo quem duvide das afirmações de Bacon de ter sido o primeiro a trazer a notícia da pólvora para o Ocidente, pois outros escribas estavam activos na mesma época. O Conde Alberto de Bollstadt, mais conhecido por Albertus Magnus e, por vezes, por Santo Alberto Magno, nasceu em Lauingen, no Danúbio, por volta de 1200 e viveu até 1280. Tal como Bacon, foi um grande erudito e escreveu trinta e oito volumes sobre quase todos os aspectos do conhecimento contemporâneo, tendo apresentado a composição da pólvora em De Mirabilis Mundi ("Maravilhas do Mundo"). Quase a mesma receita aparece também no Liber Ignum (' Livro dos Fogos'), um panfleto de seis páginas escrito por volta de 1225 e geralmente atribuído a Marcos, o Grego (Marcus Graecus), mas pouco se sabe sobre quem terá sido, mesmo que tenha existido, e é provável que tenha copiado de Albertus Magnus, ou vice-versa.

Referências:

1.1 Needham's Priestly Lecture, p.314

1.2 School Science Review, vol. XLVII, n.º 163, junho de 1966, pp.630-1

1.3 Davis, Artigo em Industrial and Engineering Chemistry , vol.20, no.7, julho, 1928, p.773

1.4 Partington , p.78

1.5 Edward Gibbon "The Decline and the Fall of the Roman Empire" (Metheun&Co. , 1912) vol. vi., p10

Depois de falar sobre a "Invenção da Pólvora", passarei muito rapidamente (dando referências a quem estiver interessado) à parte a que chamo "Desencadear" e, subsequentemente, ao tremendo Projeto Manhattan!

2- **Fabrico de pólvora:** Durante o período de 1280 d.C. a 1875 d.C., foram utilizadas diferentes técnicas para fabricar pólvora.[1] Em 1875, quando o fabrico de pólvora passou a estar sob a jurisdição da nova lei dos explosivos, havia vinte e oito fabricantes licenciados no Reino Unido, mas esse foi o pico da atividade. O declínio da atividade mineira e a introdução de melhores explosivos levaram a que o fabrico de pólvora tivesse cessado na Cornualha por volta de 1900.[2] No entanto, a pólvora continuava a ser necessária para algumas explosões em pedreiras de ardósia e para o fabrico de fogos de artifício e rastilhos. Em 1920, existiam ainda dezasseis fabricantes autorizados, mas em 1939 as únicas fontes de pólvora no Reino Unido eram as fábricas de Ardeer e Roslin, na Escócia. Em 1940, foi aberta uma terceira fábrica em tempo de guerra em Wigtown, também na Escócia, mas esta fechou no final da guerra. Roslin continuou a funcionar até 1954 e Ardeer até 1976.[3] Desde então, a pólvora tem sido importada para o Reino Unido, principalmente da Alemanha, embora alguma seja ainda fabricada nos EUA.[4]

Referências:

2.1 Gosta E Sandstrom , the History of Tunneling (Barrie & Rockliff, 1963) , p277

2.2 T.E. Thorpe , Essays in Historical Chemistry (Mac Millan & Co., 1984), pp89-90

2.3 M. B. Donald , ' History of the Chile Nitrate industry-I', Annals of Science , vol. 1, 1936,p.29

2.4   Citado por M.E Weeks, 'The Discovery of the Elements' , Journal of Chemical Education, 1945, p12

3- **A CONFIANÇA NA PÓ:** A maior parte da pólvora utilizada na

América durante o século XVII e início do século XVIII era importada de Inglaterra e a política colonial britânica não encorajava nada que pudesse perturbar essa situação. Consequentemente, não havia fábricas de pólvora na América imediatamente antes da Guerra da Independência e a situação parecia sombria para o Exército de Washington quando o Parlamento britânico proibiu quaisquer outras exportações para a América em outubro de 1774.[1] Mas as necessidades tinham de ser satisfeitas, e os abastecimentos adequados foram conseguidos através da captura de stocks mantidos em armazéns locais, da apreensão de navios que transportavam pólvora ao largo da costa da Carolina e da Geórgia, de um grande aumento das importações de França e dos Países Baixos e de um programa de produção doméstica intensivo. O fabrico local em pequena escala foi encorajado pela publicação de panfletos que explicavam como a pólvora podia ser feita e por subsídios financeiros aos fornecedores de pólvora ou de enxofre e salitre, e cada Estado começou a estabelecer as suas próprias fábricas. A Pensilvânia, com uma posição central e uma grande população alemã com alguma experiência no fabrico de pólvora, foi a principal área de atividade e o Comité Estatal para a Construção de Fábricas de Pólvora abriu cinco em 1776.[2]

Referências:

3.1 Israel Putnam , The Oxford Dictionary of Quotations (Oxford 1964) , p.404

3.2 Wilkinson , Explosives in History , p.16

4- **ENSAIO DA PÓLVORA:** Uma vez disponíveis diferentes tipos de pólvora, foi necessário conceber testes que permitissem comparar uns com os outros, o que viria a ter consequências importantes muito para além dos explosivos.[1,2]

Shakespeare, desconhecendo os desenvolvimentos posteriores, tinha dado um veredito diferente sobre o nitre[3,4][5][6] quando Henrique IV, Hotspur diz:[7]

E que era uma grande pena, pois assim foi,

Este salitre vilão deve ser escavado

Das entranhas da terra inofensiva ,

Que muitos bons homens altos tinham destruído

Tão cobarde; e se não fosse por estas armas vis,

Ele próprio poderia ter sido um soldado.

Foi neste contexto que o Professor J.D. Bernal[8] escreveu em 1948:

No entanto, em última análise, foram os efeitos da pólvora na ciência, e não na guerra, que tiveram a maior influência na criação da Idade da Máquina. A pólvora e o canhão não só fizeram explodir o mundo medieval económica e politicamente, como também foram forças importantes na destruição do seu sistema de ideias. Como afirmou John Mayow, "o niterói fez tanto barulho na filosofia como na guerra" .... A força da explosão em si e a expulsão da bola do cano do canhão foi uma indicação poderosa da possibilidade de utilizar na prática as forças naturais, em particular o fogo, e serviu de inspiração para o desenvolvimento da máquina a vapor.

Referências:

4.1 R Coleman , The Philosophical Magazine , vol. ix, 1801, p.360

4.2 The Complete Works of Count Rumford , Academia Americana de Artes e Ciências , vol.II, p.98

4.3 Collected Works of Count Rumford , ed. Sanborn C. Brown (Harvard University Press, 1970), p.451

4.4 Dicionário de Biografia Nacional , vol. xix, p. 688

4.5 Needham , Priestly Lecture, p. 334

4.6 Ibid; p. 335

4.7 Ibid; p.335

4.8 J.D. Bernal , Science in History (Londres, C.A. Watts, 1954), pp. 238-239

5- CRAKYS OF WAR:

A rima infantil diz :[1,2,3]

Não se esqueça

Cinco de novembro

Traição e conspiração da pólvora

Não conhecemos nenhuma razão

Porquê a traição da pólvora

Nunca deve ser esquecido.

Mas o que há a recordar deste enigma do século XVII?[4] A versão
popular, encorajada pelo governo da época e por alguns historiadores
contemporâneos, e agora bem estabelecida no folclore,[5,6] diz que um
bando desesperado de católicos romanos perseguidos conspirou para
fazer explodir o soberano rei Jaime I, juntamente com a sua rainha, o
príncipe, todos os lordes espirituais e temporais e os Comuns,[7]
enquanto estavam todos reunidos na Câmara dos Lordes para a
abertura do Parlamento, originalmente prevista para 7 de fevereiro de
1605.[8,9]

Referências:

5.1 Hugh Ross Williamson , The Gunpowder Plot (Faber &Faber
1951), p.109

5.2 Ibid; p.66

5.3 Ibid; p. 206

5.4 Hime, Origem da Artilharia , p.113

5 .5Needham, Priestly Lecture, p. 320

5.6 A.W. Wilson, The Story of the Gun (Royal Artillery Institution, 1985).

5.7 Winston S Churchill , A History of the English Speaking People vol. 1 (Cassel & Co.) p. 279

5.8 Colin Martin e Geoffrey Parker, The Spanish Armada (Hamish Hamilton, 1988), p. 13

5.9 Garret Mattingly , The Defeat of the Spanish Armada (Jonathan Cape, 1959), p. 271

6- **MINAS E ENGENHARIA CIVIL:** O impacto da pólvora na guerra foi igualado, se não ultrapassado, pelo seu efeito nas actividades pacíficas dos mineiros, pedreiros, escavadores de túneis e engenheiros civis.[1,2,3,4] Considerando os enormes contributos que deram para o avanço da civilização, a sua utilização da pólvora, juntamente com a das perfuradoras automáticas de rocha, deve ser classificada entre as maiores inovações de todos os tempos.[5]

Referências:

6.1 Robert Galloway , Annals of Coal Mining (Newton Abbot, David

& Charles, 1971), p. 349

6.2 Robert Galloway , A History of Coal Mining in Great Britain (Newton Abbot, David & Charles , 1969), p.160

6.3 Galloway, History , p. 164

6.4 Ibid p. 167

6.5 L.T.C Rolt , Isambard Kingdom Brunel (Longmans , Green & Co. , 1957), p.136

7- **MODIFICAÇÕES DA PÓLVORA:** Tão atrativo era o sucesso comercial que aguardava qualquer inventor bem sucedido que se aplicou grande engenho, e alguma chicana, na tentativa de fazer tipos melhorados ou especiais de pólvora para satisfazer os requisitos cada vez mais exigentes dos desportistas militares, mineiros, engenheiros civis e fabricantes de fogos de artifício e rastilhos. Alguns optimistas esperavam mesmo que a pólvora fosse silenciosa e Peter Whitehorne escreveu: "Há muitos que inventam mentiras, dizendo que podem dizer como fazer pólvora para que as armas de tiro não façam barulho, o que é impossível".[1]

Referências:

7.1 Hime , Origem da Artilharia , p. 168

8- **Nitroglicerina:** A angina de peito é uma doença do coração marcada por paroxismos de dor intensa, que até 1879 só podia ser tratada com os paliativos temporários de brandy, ópio, éter clorofórmio ou sangria. O facto de a nitroglicerina - o principal ingrediente da dinamite, da explosão, da gelatina e da gelignite - ter sido utilizada como tratamento é talvez um dos exemplos mais estranhos da diversidade de utilizações que podem ser dadas a um único produto químico.[1]

A nitroglicerina (NG) foi inicialmente fabricada por um italiano, Ascanio Sobrero, que se licenciou em medicina na Universidade de Turim em 1832. Quando as circunstâncias o obrigaram a abandonar a carreira que escolhera, voltou-se para a química, estudando com Theophile-Pelouze em França e Justus von Liebig na Alemanha. De volta à sua antiga universidade, como professor de Química Aplicada, produziu NG em 1847, tratando a glicerina com uma mistura de ácidos sulfúrico e nítrico concentrados. Descreveu-o como um óleo amarelado; descobriu, quando uma pequena amostra explodiu e salpicou fragmentos de vidro nas suas mãos e no seu rosto, que era violentamente explosivo; e descobriu, ao provar, que tinha efeitos fisiológicos inesperados.[2,3]

Referências:

8.1 Eduard Faber (ed.) , Great Chemists (Nova Iorque e Londres , Interscience , Publishers, 1961). P1310

8.2 Ibid; p 1311

8.3 L.F. Haber , The Poisonous Cloud (Oxford , Clarendon , Press, 1986), p.

9-   **DINAMITE:** O mau registo de segurança do GN líquido ameaçava envolver Nobel noutra crise, pelo que foi particularmente oportuno quando, em 1867, ele fez a sua segunda grande invenção.[1] Tratava-se de uma forma de domar o GN líquido, absorvendo-o num sólido para fazer uma pasta ou massa e, após muita experimentação, decidiu que o kieselguhr era o melhor material a utilizar como absorvente. Esta substância macia, branca e porosa, composta pelos esqueletos de plantas aquáticas minúsculas conhecidas como diatomáceas, ocorre em muitas partes do mundo, pelo que era barata e abundante.[2] Nobel descobriu que 3 partes de NG líquido absorvidas por 1 parte de kieselguhr davam uma mistura plástica fácil de manusear. O kieselguhr era inerte, mas surpreendentemente podia ser detonado mais facilmente. Acima de tudo, era seguro. Nobel chamou ao explosivo "pó detonante de segurança Nobel" ou "dinamite", do grego dynamis que significa poder.[3] Tal como a primeira invenção de Nobel, o detonador patenteado, a descoberta da dinamite foi essencialmente muito simples. Na Rússia, no entanto, afirma-se que o crédito deve ser atribuído ao Coronel Petrushevskii, colaborador de Zinin, e que só a necessidade de sigilo o impediu de pedir patentes a nível mundial. O coronel parece ter recebido 300 rublos e uma pensão vitalícia pelo seu trabalho. Se tivesse patenteado a dinamite, o curso da ciência e da história poderia ter sido diferente.[4]

Referências:

9.1 D. Miles ' A History of Research in the Nobel Division of ICI (ICI Nobel Division 1955) Citado em Bergengren p.92

9.2H. Carr , The du Ponts of Delaware (Fredrick Muller , 1965), p.201
9.3B Barton , History of Tin Mining and Smelting in Cornwall (D. Bradford
    Barton Ltd, 1965), p.181
9.4Ibid ; p 181

10- **ALGODÃO PARA ARMAS:** A celulose, que é o principal constituinte de todas as células vegetais, é a substância química orgânica natural mais abundante. Encontra-se em quantidades particularmente grandes em materiais fibrosos como o linho, o cânhamo, o bambu, a erva e a fibra de coco,[1] mas a principal fonte comercial durante muitos anos foi o algodão, que foi substituído em certa medida pela madeira e pela palha quando se tornou demasiado caro. Embora a celulose seja tão comum, tem uma disposição complexa de átomos na sua molécula; isto foi elucidado em 1937 por Sir William Haworth, Professor de Química na Universidade de Birmingham, cuja investigação pioneira lhe valeu o Prémio Nobel da Química.[2]

Um ano antes de Sobrero ter fabricado o GN pela primeira vez, um químico alemão, Schoebein, tinha tratado a celulose com ácidos nítrico e sulfúrico concentrados a quente para fabricar nitrocelulose (NC). Utilizou lã de algodão como fonte de celulose e, como verificou que a NC que produziu era explosiva, chamou-lhe guncotton.[3,4]

Referência:

10.1 Ralph E.Oesper, 'C.F. Schunbein; Part I. Life and Character',
Journal of Chemical Education, março de 1929, p.439

10.2 Ibid; p.432

10.3 Ibid; p.432

10.4Oesper, Journal of Chemical Education , abril de 1929, p.685

11- **PÓLVORAS SEM FUMO:** Em 1870, os produtos NG e NC
começavam a substituir a pólvora no seu papel de alto explosivo, mas
como alto explosivo continuava a liderar o campo.[1,2,3] Não que fosse
inteiramente satisfatória, porque sujava as armas, disparava de forma
irregular, não se armazenava bem e era suja e enfumaçada. Mas não
haveria alternativa melhor até cerca de 1886.[4,5]

Sempre foi mais difícil fabricar um bom propulsor do que um bom alto
explosivo, mas tal como é mais difícil cantar suavemente ou dançar
lentamente. Os requisitos para um bom propulsor são muito subtis e
existe uma enorme variedade de armas, tanto militares como
desportivas, todas concebidas para atingir um determinado objetivo e

com diferentes furos, comprimentos de cano e projécteis. Idealmente, um propulsor deve sofrer uma combustão rápida, mas rápida e controlada, de modo a manter uma pressão constante sobre o projétil enquanto este se encontra no cano da arma.[6] Não deve poder detonar no interior do cano, sob pena de estilhaçar ou danificar a arma; não deve produzir fumo nem fulgor e não deve deixar resíduos; deve ser completamente queimado quando o projétil sai do cano; deve ser fácil de detonar, fácil de armazenar e de transportar; a humidade e as mudanças de temperatura não devem afectá-lo indevidamente; e os gases que produz não devem ser corrosivos. Tudo isto é uma tarefa muito difícil.[7]

Referência:

11.1 Patente britânica, nº 1471,1888

1 1.2Bergengren , p.106

11.3 Ibid; p. 116

11.4 Leitor, p.142

11.5 Ibid; p. 143

11.6 Ibid; p.145

11.7 Ibid; p.381

12 -LYDDITE **E TNT:** O facto de a Alemanha estar muito à frente da

Grã-Bretanha no fabrico de explosivos por volta de 1900 era mais um exemplo da velha história da dificuldade de efetuar mudanças tecnológicas na Grã-Bretanha.[1,2,3] A indústria química alemã era muito mais avançada e a sua maior força e adaptabilidade era bem exemplificada pelo sector dos corantes sintéticos. Um químico britânico, W.H. Perkin, tinha descoberto um novo corante púrpura de anilina ou malva em 1856 e a Fullers of Perth, uma famosa empresa de tinturaria, classificou-o como "um dos mais valiosos que surgiu desde há muito tempo". O corante foi originalmente fabricado por Perkin, com a ajuda do seu pai e do seu irmão, numa fábrica perto de Harrow, e teve um sucesso imediato. A sua cor ainda pode ser vista nos primeiros selos de um cêntimo.[4,5,6] No entanto, em 1900, era a Alemanha que constituía o centro da indústria mundial de corantes e, em 1914, a Grã-Bretanha importava 80% dos corantes de que necessitava. Mesmo o tingimento de uniformes e meias militares apresentava graves problemas. A maior facilidade de obtenção de matérias-primas na Alemanha foi certamente um fator de sucesso, mas os alemães dispunham também de um melhor sistema de ensino técnico, fortemente subsidiado pelo Estado. Além disso, era normal que os lugares de topo nas empresas alemãs fossem ocupados por químicos dotados. O mesmo não acontecia na Grã-Bretanha.[7,8,9]

Foi assim que as tentativas alemãs de encontrar algo melhor do que a laldite (ácido pícrico) tiveram mais êxito do que as britânicas. Willbrand tinha fabricado um produto químico, o trinitrotolueno, em 1863, que foi adotado como enchimento de cartuchos em 1902. O valor do que ficou conhecido como TNT ou totyl só foi percebido na Grã-

Bretanha pouco antes da Primeira Guerra Mundial, apesar de a amostra do novo material ter sido testada em 1902 e novamente em 1905. Infelizmente, foi rejeitada por não ter potência e ser difícil de detonar, pelo que foi deixada na prateleira como mais um projeto de investigação.[10]

O TNT, tal como o ácido pícrico, é um sólido amarelo, menos potente, mais difícil de detonar e mais difícil de fabricar do que a laldite, mas, em contrapartida, é mais barato, menos venenoso, não é afetado pela humidade e é menos denso. Além disso, tem um ponto de fusão inferior a 100° C, pelo que pode ser fundido com água quente ou vapor, o que torna o enchimento de cartuchos mais seguro e mais fácil; não é ácido, pelo que não reage com os metais; e a dificuldade em detoná-lo torna-o tão estável que, em 1910, foi isento das disposições do Explosive Act de 1875, não sendo considerado um explosivo no que diz respeito ao fabrico e armazenamento. Como é menos sensível ao choque do que a laldite, pode ser utilizada como enchimento de cartuchos perfurantes de blindagem que não explodem simplesmente em contacto com uma superfície blindada.[11]

Referência:

12.1 David Lloyd George , War Memoirs (Ivor Nicholson e Watson , 1933) , p.198

12.2 Ibid; p.211

12.3 Ibid; p.125

12.4 Ibid; p.554

12.5 Ibid; p.20912.

12.6 Ibid; p.617

12.7 Ibid; p.589

12.8 Ibid; p. 589

12.9 Dick Dent ,' Famous Men Remembered,' The Chemical Engineer , dezembro de 1986, p.56

12.10 Norman Gladden , Ypres , 1917, A Personal Account (William Kemble & Co. Ltd, 1967),p.61

12.11 Winston S Churchill , World Crisis , parte II , 1916-18 (Thornton Buttersworth Ltd, 1927), p.318

13- Desligue-o:

Nos primórdios, a pólvora era sempre inflamada por uma chama ou por uma faísca, mas durante o século XIX começaram a ser utilizados produtos químicos tão sensíveis que podiam explodir por um golpe agudo ou por fricção, bem como pelo calor. O clorato de potássio, cuja sensibilidade tinha sido descoberta quando Berthollet tentou incorporá-lo numa mistura de pólvora em 1788, era uma escolha comum, juntamente com um grupo de compostos conhecidos como fulminatos. Foram os primeiros exemplos do que atualmente se designa por explosivos primários ou iniciadores. Embora sejam particularmente sensíveis, não são necessários em quantidades muito grandes, pelo que podem ser tomadas precauções especiais no seu fabrico e manuseamento.

O ouro fulminante ou aurum fulminans é um sólido verde-azeitona de composição incerta, feito de óxido de ouro e amoníaco. Foi descrito por Basil Valentine, em 1603, como "uma pólvora que se inflama logo que absorve muito pouco calor ou calor, e causa danos notavelmente grandes quando explode com tal veemência e força que nenhum homem seria capaz de a conter".[1]

Afirma-se que Jacob Drebbel e o Dr. Kuffler exigiram 10 000 libras esterlinas se a invenção fosse considerada bem sucedida, pelo que devem ter tido uma grande expetativa, mas não surgiu nada e o fulminante é demasiado sensível para ser manuseado com segurança em quantidades muito pequenas, além de ser muito caro. Só era realmente adequado para utilização em fogo de artifício e brinquedos e foi substituído nessa utilização pelo fulminato de prata, uma pólvora negra preparada por Berthollet em 1788. Esta era muito semelhante à fulminação do ouro, mas muito mais barata, e era utilizada já em 1803 em demonstrações de suposta magia por charlatães e alpinistas em mercados e feiras.

As aplicações mais importantes dos fulminatos para fins militares e mineiros tiveram de aguardar o relatório pormenorizado[2] apresentado à Royal Society em 13 de março de 1800 por Edward Howard sobre "um novo mercúrio fulminante". A sua investigação teve um efeito muito significativo na história dos explosivos, primeiro no desenvolvimento, pelo Rev. Alexander Forsyth, de um novo método de disparar uma espingarda e, mais tarde, nas utilizações militares e na exploração mineira.

A primeira ideia de Alexander Forsyth tinha sido tentar proteger o clarão da pederneira construindo um capuz para encaixar sobre o cano da arma, mas isso não foi muito satisfatório, pelo que se concentrou em misturas químicas que pudessem explodir com um golpe agudo ou percussão, como o disse na sua eventual patente.[3]

O que veio a ser conhecido como fechadura de percussão era acionado por um puxão no gatilho, fazendo com que o martelo caísse sobre uma mistura posicionada junto ao orifício de toque ou de ventilação de uma arma. Com a mudança de governo, os planos do Reverendo foram alterados, mas ele não ficou desiludido. Com a ajuda de James Watt, Forsyth registou uma patente em julho de 1807, criou a sua própria empresa e abriu uma loja de armas no n.º 10 de Piccadilly. As fechaduras fabricadas pela Forsythe & Company baseavam-se no desenho que Forsythe tinha aperfeiçoado na Torre de Londres. Foram vendidas quatro mil fechaduras entre 1808 e 1821, altura em que a patente expirou. Mas Forsythe não enriqueceu porque se viu envolvido em litígios intermináveis para proteger os seus direitos de patente. Um pouco amargurado, regressou à sua casa. Mais tarde, Forsythe foi encontrado morto na sua mesa de pequeno-almoço, em 11 de junho de 1843, e foi enterrado no cemitério de Behelvie, ao lado do seu pai.

Forsythe[4] tinha descoberto que o fulminato de mercúrio explodia com demasiada violência para poder ser utilizado de forma satisfatória como pólvora de percussão, uma vez que causava graves deformações quando era utilizado num gorro. Foi então necessário utilizar uma nova mistura iniciadora, porque era mais difícil detonar a cordite do que a pólvora e uma composição típica de um gorro continha 19% de fulminato de mercúrio, 33% de clorato de potássio, 43% de sulfureto de antimónio e 2,5% de enxofre e pólvora. Misturas semelhantes estiveram em voga durante vários anos.

O fulminato de mercúrio foi introduzido na indústria mineira na mesma altura em que Nobel descobriu a nitroglicerina, em 1864. Inicialmente, detonou a nitroglicerina utilizando uma pequena carga de pólvora contida num bolbo de vidro ou num cilindro oco de madeira. Mais tarde, utilizou uma mistura de pólvora e fulminato de mercúrio, ou o fulminato por si só, embalado num cilindro de cobre fechado numa extremidade. Referiu-se a este dispositivo como o seu detonador patenteado, termo que continua a ser utilizado na linguagem militar, mas que é geralmente designado por detonador, ou apenas por detonador, nos círculos mineiros.

Também na mesma altura, o fulminato de mercúrio começou a ser substituído pela azida de chumbo. As primeiras tentativas de o utilizar foram dificultadas por alguns acidentes fatais. Só na década de 1930 é que a azida de chumbo substituiu quase completamente o fulminato de mercúrio nos detonadores mineiros. Não é totalmente fiável quando utilizada isoladamente, pelo que nos detonadores modernos

O detonador é misturado com 25-50% de estifnato de chumbo, que é mais suscetível ao calor. A carga de base é constituída por PETN, tetril ou RDX, sendo a primeira de longe a mais comum. O diazodinitrofenol (DDNP ou DINOL) e o tetrazeno são também utilizados como explosivos iniciadores em detonadores, em vez da azida de chumbo.

Tanto a espoleta de segurança como a espoleta de detonação foram substituídas, em certa medida, por uma nova espoleta não eléctrica denominada Non-El, que foi desenvolvida na Suécia pela Nitro Nobel AB. Esta espoleta é fabricada pulverizando o interior de um tubo de plástico de paredes espessas com uma fina camada de explosivo e, quando uma das extremidades é inflamada por um cartucho vazio, produz-se um clarão através do tubo a uma velocidade de cerca de 2k m por segundo, que pode acionar detonadores em cargas explosivas na outra extremidade. A espoleta, por si só, pode substituir a espoleta de detonação e, em conjunto com detonadores retardados, pode substituir a espoleta de segurança. Tem também a vantagem, em relação à detonação eléctrica, de ser imune a qualquer corrente eléctrica dispersa.

O momento exato em que um explosivo é acionado pode ser de extrema importância. Os mecanismos de relojoaria, como os de um despertador, um temporizador de cozinha ou um relógio de parquímetro, estão facilmente disponíveis e podem ser adaptados sem grande dificuldade para libertar um percutor contra uma cápsula de percussão ou para fechar um circuito elétrico num momento pré-definido. Podem ser amadores, caseiros, que normalmente falham, ou altamente sofisticados, muito precisos, que podem ser programados com bastante antecedência. Outro grupo de interruptores depende de um puxão ou de um empurrão ou de uma mudança de pressão que liberta um percutor ou fecha um circuito elétrico. Dispositivos semelhantes, disfarçados de pedras ou excrementos de animais, também estavam disponíveis para serem utilizados por sabotadores durante a Segunda Guerra Mundial. Nessa guerra, houve também muitos exemplos mais sofisticados da mesma ideia básica. Um interrutor de pressão colocado debaixo de uma linha de caminho de ferro era acionado pela ligeira depressão do carril quando o comboio passava, e podia mesmo ser programado para explodir a carga anexa quando o primeiro, segundo, terceiro ou subsequente comboio passasse. Havia também um interrutor altímetro que só fazia explodir uma carga num avião quando este se encontrava no ar; funcionava quando o avião atingia uma determinada altitude e a pressão diminuía em conformidade. Havia um interrutor ligado a um íman, mina de lapa, para colocar no exterior do navio, que só funcionava quando o navio estivesse no mar e atingisse uma determinada velocidade. Cargas de profundidade para atacar submarinos que explodiam quando atingiam uma certa profundidade e a pressão hidrostática aumentava o suficiente. A "bomba saltitante", contendo 3 kg de RDX, que destruiu a barragem de Mohne, era accionada por três pistões hidrostáticos que disparavam quando a bomba se encontrava a 9 m de profundidade. As minas secretas, mantidas em reserva pelos alemães até pouco depois do início da invasão aliada da Europa, em junho de 1944, continham um saco de borracha e um diafragma concebidos para responder a uma alteração de 0,1% na pressão hidrostática, que podia ser causada pela passagem de um navio por cima.

E havia, e há, muitas outras possibilidades, como um pequeno interrutor ligado a uma carga que funcionava após imersão em gasolina, para ser lançada nos depósitos dos veículos alemães. As minas magnéticas e as minas acústicas funcionam, respetivamente, através do campo magnético ou do ruído do motor de um navio que passa. Os interruptores de inércia contêm geralmente um glóbulo de mercúrio que se move para estabelecer um contacto elétrico quando o interrutor é deslocado. Os interruptores fotoeléctricos funcionam quando um comboio passa por baixo de um túnel. E, mais recentemente, surgiram os interruptores accionados por luz infravermelha ou por ondas de rádio. Muitos destes dispositivos de temporização foram engenhosamente adaptados por organizações terroristas, em todo o mundo, para as ajudar a perpetrar os seus actos maléficos.

Hoje em dia, é tão comum um grau tão elevado de sofisticação técnica e os profissionais tomaram tanto conta dos amadores, que é difícil lembrar que tudo começou com um conde francês, um clérigo escocês e dois ingleses, um cientista e outro artista.

Referências :

13.1: Basil Valentine , Collected Writings , 3rd German edn (Hamburg

, 1700) , p.289

13.2: Patente britânica, n.º. 3032, 1807

13.3 : The Rise and Progress of the British Explosives Industry (Whittaker and Co.) p.117

13.4 : Major-General Sir Alexander John Forsythe , The Reverend Alexander John Forsyth (Aberdeen University Press, 1909), p.21

Nomes e fórmulas:

Historicamente, os elementos e os compostos eram designados à medida que eram descobertos ou fabricados e, nessas circunstâncias, o sistema desenvolvido funcionava razoavelmente bem. Tanto assim é que muitos dos antigos nomes tradicionais continuam, de facto, a ser utilizados, sobretudo na vida quotidiana. Hoje em dia, porém, as regras de nomenclatura das substâncias químicas, elaboradas sob os auspícios da União Internacional de Química Pura e Aplicada (IUPAC), foram amplamente adoptadas. O seu objetivo é dar a cada substância química um nome único, relacionado com a sua estrutura e com a de substâncias semelhantes. Dado que existem tantas substâncias químicas diferentes, esta é uma tarefa difícil, não muito diferente de tentar dar um nome diferente a cada pessoa no mundo.

Os dois principais conjuntos de regras abrangem todos os compostos orgânicos e inorgânicos. Os primeiros são compostos associados à matéria viva e contêm principalmente átomos de carbono, hidrogénio, azoto e oxigénio. Os segundos, geralmente não associados à matéria viva, são constituídos por todos os outros átomos. Incluem, por exemplo, os muitos minerais que contêm átomos metálicos.

Os diferentes estados de uma substância são representados por (s) para sólido, (l) para líquido ou (g) para gás ou vapor após o seu nome. Assim, o gelo é H_2O(s), a água H_2O(l) e o vapor H_2O(g) .

REACÇÕES QUÍMICAS

Uma reação química implica um rearranjo dos átomos. As ligações nas moléculas dos reagentes separam-se e os átomos livres libertados, que existem apenas momentaneamente, recombinam-se para dar origem às diferentes moléculas dos produtos. A reação é normalmente resumida sob a forma de uma equação química.

Existem três requisitos principais para que a reação seja explosiva. Em primeiro lugar, deve ter lugar muito rapidamente. Em segundo lugar, deve ser uma reação exotérmica, ou seja, deve produzir calor. Em terceiro lugar, o maior número possível de produtos deve ser um gás. Uma vez que estes produtos estão quentes, é garantido um grande aumento da pressão, que é a principal causa da explosão.

PÓLVORA E SUAS MODIFICAÇÕES

A pólvora é feita de carbono © , enxofre (S) e nitrato de potássio (KNO_3) . Nenhuma equação química pode representar completamente a natureza da complexa reação química que ocorre quando a pólvora explode, mas uma simplificação comummente utilizada é a seguinte

$$4KNO_3(s)+ 7C(s) + S(s) \rightarrow 3CO_2(g)+ 3CO(g)+ 2N_2(g)+K_2CO_3(s)+K_2S(s)$$

Menos de metade da pólvora é convertida em produtos gasosos e grande parte do calor produzido na explosão é retido nos produtos sólidos. Estes dois factores limitam a eficácia da pólvora como explosivo.

Os ANFO, fabricados a partir de nitrato de amónio e óleos combustíveis, são mais eficientes. A equação da reação de um exemplo típico,

$$25NH_4NO_3(s)+C_8H_{18}(l) \rightarrow 8\ CO_2(g)+ 59\ H_2O(g) + 25N_2(g$$

mostra que toda a mistura explosiva é convertida em gases.

Outros produtos químicos utilizados no fabrico de substitutos da pólvora incluem

$NaNO_3$	NH_4NO_3	$KClO_3$
Sodium nitrate	Ammonium nitrate	Potassium chlorate (V)

$NaClO_3$	$KClO_4$	NH_4ClO_4
Sodium chlorate (V)	Potassium perchlorate (chlorate (VII))	Ammonium perchlorate (chlorate (VII))

EXPLOSIVOS QUE CONTENHAM O GRUPO NITRO-NO_2 :

Alguns explosivos são produzidos substituindo os átomos de hidrogénio das ligações C-H ou N-H de compostos orgânicos por grupos nitro-NO$_2$ através do tratamento com uma mistura de ácidos nítrico (HNO3) e sulfúrico (H2SO4). O processo é conhecido como nitração e resume-se a

$$-\overset{|}{\underset{|}{C}}-\boxed{H \;+\; H-O}-NO_2 \;\xrightarrow{-H_2O}\; -\overset{|}{\underset{|}{C}}-NO_2$$

$$-\overset{|}{N}-\boxed{H \;+\; H-O}-NO_2 \;\xrightarrow{-H_2O}\; -\overset{|}{N}-NO_2$$

Se apenas um átomo de hidrogénio de uma molécula, X, for substituído por um grupo nitro, o produto é designado por nitro-X ou mononitro-X; se dois átomos de hidrogénio forem substituídos, é dinitro-X, se três, tri-nitro-X. A posição exacta do grupo nitro numa molécula é indicada por meio de números.

TRINITROTOLUENO, TNT. O tolueno recebeu o seu nome em 1841, através da destilação do bálsamo de tolu e porque era semelhante ao benzeno. O seu nome moderno é metilbenzeno e é convertido em TNT por nitração.

Benzene

Toluene
Methylbenzene

Trinitrotoluene
TNT
2-methyl-1, 3, 5-
trinitrobenzene

Quando o TNT explode , as suas moléculas dividem-se , parcialmente , porque a ligação C-N é fraca; a equação é

$$C_7H_5N_3O_6(s) \longrightarrow 3.5\ CO_2(g)+2.5H_2O(g) + 1.5\ N_2(g) + 3.5C(s)$$

Devido ao número insuficiente de átomos de oxigénio na molécula, parte do carbono permanece no estado sólido e não é oxidado em gases. É por esta razão que se produz fumo negro numa explosão de TNT e que se adiciona nitrato de amónio nos amatóis para fornecer mais oxigénio.

LYDDITE. A laldite é obtida através da nitração do fenol. O seu antigo nome químico era ácido pícrico (do grego pikros = amargo).

A equação simples que melhor representa a sua explosão é

$$C_6H_3N_3O_7(s) \dashrightarrow 5.5CO(g) + 1.5H_2O(g) + 1.5\ N_2(g) + 0.5C(s)$$

RDX. O RDX ou ciclotrimetilenotrinitramina é produzido pela nitração da hexamina ou hexametilenotetramina.

A equação para a sua explosão é

$$C_3H_6N_6O_6(s) \rightarrow 3CO(g) + 3H_2O(g) + 3N_2(g)$$

HMX e HNIW.

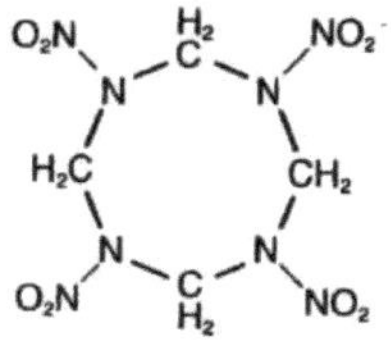

O_2N, H_2C, CH_2 structure

HMX
**Cyclotetramethylene-
tetranitramine**

EXPLOSIVOS QUE CONTENHAM O GRUPO DOS NITRATOS -O-NO

Os nitratos formam-se por reação entre uma mistura de ácido nítrico e ácido sulfúrico e compostos orgânicos contendo grupos hidroxilo,--OH. Em resumo ,

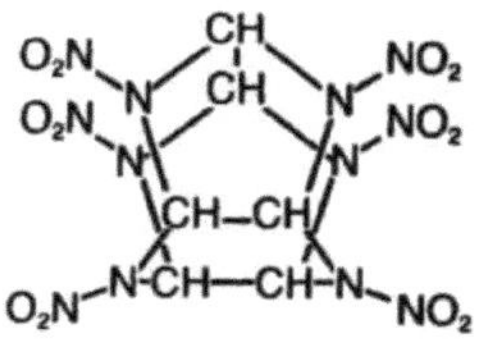

HNIW
**Hexanitrohexaza-
isowurtzitane**

Muitos dos produtos foram e continuam a ser erradamente considerados como compostos nitro. Estes contêm um grupo - NO_2 mas este está ligado a um átomo de oxigénio, pelo que, na realidade, é apenas uma parte de um grupo nitrato.

$$-\overset{|}{\underset{|}{C}}-O\!-\!H \quad + \quad H\!-\!O\!-\!NO_2 \xrightarrow{-H_2O} \; -\overset{|}{\underset{|}{C}}-O\!-\!NO_2$$

DYNAMITE. O principal componente da dinamite continua a ser vulgarmente designado por nitroglicerina ou nitroglcerol, mas o nome mais correto é trinitrato de glicerol ou, melhor ainda, -1,2,3--triiltrinitrato de propano.

<table>
<tr><td>

H_2C-OH
$HC-OH$
H_2C-OH

Glycerine
Glycerol
Propane–1,2,3–triol

</td><td>

$H_2C-O-NO_2$
$HC-O-NO_2$
$H_2C-O-NO_2$

Nitroglycerine
Nitroglycerol
Glycerol trinitrate
Propane–1,2,3–triyl trinitrate

</td></tr>
</table>

A equação para a sua explosão é

$$C_3H_5N_3O_9(l) \rightarrow 3CO_2(g) + 2.5\ H_2O(g) + 1.5\ N_2(g) + 0.25O_2(g)$$

GUNCOTTON. Quando a celulose é tratada com uma mistura de ácido nítrico e ácidos sulfúricos, formam-se vários produtos. O tratamento prolongado com ácidos quentes e concentrados dá origem a um produto que contém cerca de 13,3 por cento de azoto e é designado por guncotton; o seu principal componente é o trinitrato de celulose. Os ácidos mais fracos, a uma temperatura mais baixa e durante um período de tempo mais curto, dão origem a uma mistura que contém entre 8 e 12 por cento de azoto. É conhecida como piroxilina ou colódio e é uma mistura de mono e di-nitratos de celulose.

Cellulose

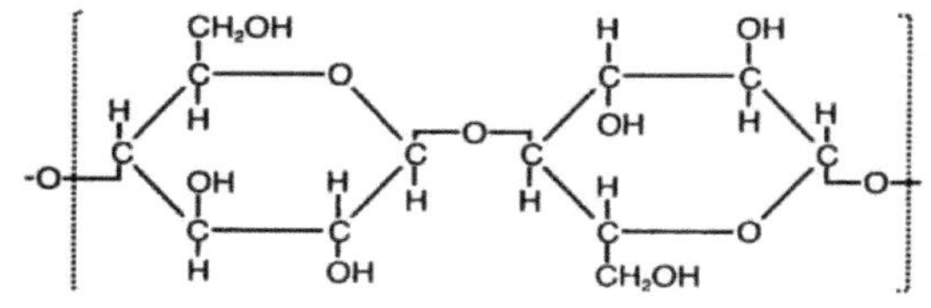

Cellulose trinitrate

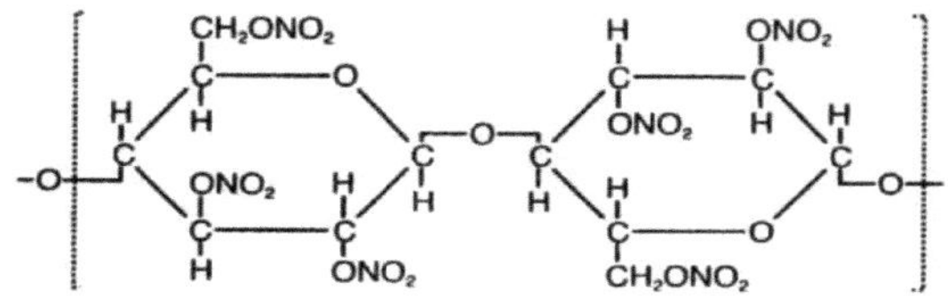

PETN. O PETN ou tetranitrato de pentaeritritol é obtido por
tratamento do pentaeritritol com uma mistura de ácidos nítrico e
sulfúrico.

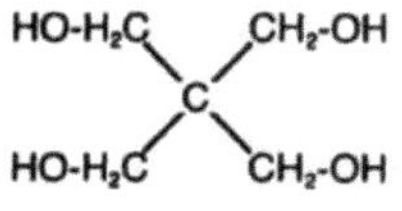

Pentaerythritol

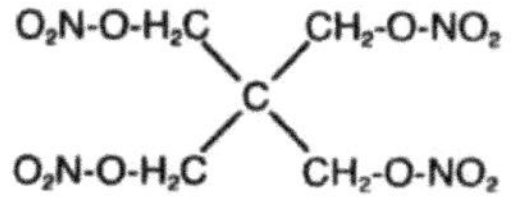

**PETN
Pentaerythritol-
tetranitrate**

INICIAÇÃO DE EXPLOSIVOS

Os explosivos iniciadores são particularmente sensíveis. Alguns
exemplos típicos são apresentados de seguida:

$Hg(CNO)_2$ $Pb(N_3)_2$ $(NO_2)3C_6HO_2Pb$

Mercury fulminate   Lead azide   Lead styphnate

Lead 2,4,6-trinitro

Resorcinate

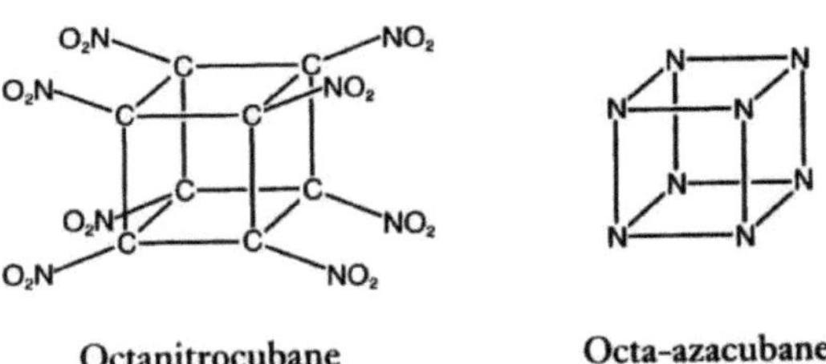

39-

Tetryl (CE)
2,4,6–Trinitrophenyl-
methylnitramine

DDNP. DINOL
Diazodinitrophenol

POSSÍVEIS NOVOS PRODUTOS

Octanitrocubane   **Octa-azacubane**

APÊNDICE II

ENERGIA e POTÊNCIA!!!

As explosões ocorrem quando há uma rápida libertação de energia que produz um grande volume de gases quentes e uma acumulação de pressão. Numa explosão química, a energia é libertada numa reação

química; numa explosão nuclear, é a energia nuclear que é libertada.
A unidade SI da energia é o joule, sendo 1J o trabalho necessário para deslocar uma força de 1 Newton numa distância de 1 metro. Isto é equivalente a levantar uma pequena maçã de massa 102 g, por 1 metro. Ikilojoule (1kJ) é 1000J e 1 Megajoule (1MJ) é 106J.

Tanto nas explosões químicas como nas nucleares, a libertação de energia resulta da conversão de uma pequena quantidade de massa em energia no decurso da explosão. Como consequência da sua teoria da relatividade, Albert Einstein apresentou a ideia, em 1907, de que a massa e a energia estavam relacionadas de acordo com a equação.

$$E \quad = \quad m \quad * \quad c^2$$

Energy = Mass * (Velocity of light)^2

(in joules)   (in kilograms)   (in meters per second)

Uma vez que a velocidade da luz é um número muito elevado ($2,997924580*10^8$ m por segundo), conclui-se que pequenas quantidades de massa podem fornecer grandes quantidades de energia. 1 kg de massa é de facto equivalente a $8,988*10^1$ 6 joules.

Sir James Jeans referiu-se à massa como "energia engarrafada", mas não é fácil obter uma conversão completa ou eficiente da massa em energia. A energia libertada em qualquer reação química normal requer uma conversão de apenas cerca de $100* 10^{-12}$ kg de massa, o que não pode ser detectado em nenhuma balança.

PODER

A energia é uma medida da capacidade de efetuar trabalho, enquanto a potência é uma medida da velocidade a que o trabalho é efectuado. Assim, um homem utiliza energia e realiza trabalho quando levanta uma mala. Se a levantar duas vezes mais depressa, utiliza a mesma energia mas necessita do dobro da potência. A unidade de potência é o watt, sendo que 1 watt equivale a 1 joule por segundo. A antiga unidade de potência do cavalo, baseada por James Watt numa estimativa de que um cavalo energético poderia levantar um peso de 51 kg a uma altura de 60 m em 1 minuto e poderia continuar a fazê-lo durante um turno inteiro, é atualmente considerada como 745,70 watt.

REACÇÕES EXOTÉRMICAS.

Uma reação química que liberta energia é designada por reação exotérmica. A combustão do hidrogénio no ar é típica; é representada pelas seguintes equações,

$$2H_2(g)+O_2(g) \rightarrow 2H_2O(g) + 484kJ$$

$$2H_2(g)+O_2(g) \rightarrow 2H_2O(g) \quad \blacktriangle H=-484kJ$$

A primeira equação indica que são libertados 484kJ de energia quando 2mol, 4 gramas, ou $12,044273 * 10^{23}$ moléculas de hidrogénio são completamente queimadas. A segunda equação fornece a mesma informação de uma forma ligeiramente diferente, dando o que é conhecido como a variação de entalpia, $\blacktriangle$ H , para a reação. É a mudança de energia que ocorreu. Como a energia foi libertada, os produtos da reação têm uma entalpia inferior à dos reagentes iniciais. É por isso que o valor de ▲ H é negativo.

Numa reação endotérmica, a energia é absorvida e o valor ▲ H é positivo. Por exemplo,

$$N_2(g) + O_2(g) \rightarrow 2NO(g) - 90.4kJ$$

$$N_2(g) + O_2(g) \rightarrow 2NO(g) \quad ▲H = 90.4kJ$$

De uma forma simples, uma reação exotérmica pode ser considerada como uma reação "descendente"; uma reação endotérmica como uma reação "ascendente".

CALOR DE EXPLOSÃO: A quantidade de calor libertada por um explosivo é normalmente conhecida como calor de explosão. É geralmente expresso em joules por grama. Alguns valores típicos, calculados, são indicados a seguir;

Nitroglycerine	6275	PETN	5940
RDX	5130	TNT	4080

Os valores medidos experimentalmente podem ser ligeiramente diferentes, dependendo da forma como a explosão é provocada.

O calor de explosão é calculado a partir de valores de energia de ligação que dão uma medida da quantidade de energia envolvida na quebra ou formação de uma determinada ligação. Os valores são geralmente expressos em quilojoules (kJ) por mole da ligação, ou seja, para $6,06*10^{23}$ ligações individuais. Alguns valores típicos são

H-H 436	C-H	412	C-C	348
O=O 496	O-H	463	C=C	743
N≡N 944	N-H	388	C≡C	305

A combustão ou explosão do hidrogénio e do oxigénio, de acordo com a equação dada acima, necessita de (2*436)kJ para separar as ligações H-H e de 496 kJ para separar uma ligação O=O; isto é, 1368kJ. A formação de quatro ligações O-H liberta (4*463), ou seja, 1852 kJ. A quantidade de energia libertada é, portanto, (1852-1368), ou seja, 484kJ.

Uma das razões pelas quais as substâncias químicas que contêm ligações C-N são susceptíveis de ser explosivas é o facto de haver uma grande libertação de energia quando a ligação C-N fraca é convertida na ligação N≡N muito mais forte.

A VELOCIDADE DA REACÇÃO

Um explosivo depende mais da velocidade a que a sua energia é libertada do que da quantidade total de energia. 1 kg de TNT, por exemplo, libertará 4080kJ de energia quando for detonado. 1 kg de gasolina libertará mais de 30 MJ quando for totalmente queimada no ar, mas como essa queima é um processo relativamente lento, a gasolina não explodirá normalmente. Pode, no entanto, explodir se for bem misturada com uma grande quantidade de ar antes da ignição, de modo a que a combustão ocorra muito mais rapidamente.

Do mesmo modo, o gás natural ou o metano arderá normalmente de forma estável num fogão a gás em chamas. Uma mistura de muito ar com apenas um pouco de gás natural pode, no entanto, ser explosiva. É a acumulação de tais misturas (humidade de fogo) nas minas de carvão que está na origem de muitas catástrofes.

EXPLOSÕES NUCLEARES:

A libertação de energia numa explosão nuclear ocorre porque diferentes átomos têm diferentes energias de ligação nos seus núcleos. Tal como numa explosão química, é a ligeira perda de massa que lhe está associada que produz a energia.

Uma forma possível de o núcleo de U ser dividido por um neutrão (em[1]) resume-se na seguinte equação

$$_{92}^{235}U \ + \ _0n^1 \text{----------------} \rightarrow _{52}^{144}Ba \qquad +_{36}^{90}Kr \qquad +2_0n^1$$

235.0439   1.0087   143.881   89.947   2.0147

236.0526   235.8454

As massas das partículas envolvidas são dadas em unidades de massa atómica (amu), sendo 1 amu igual a $1,6605402*10^{-27}$ kg. A equação mostra uma perda de (236,0526235,8454), ou seja, 0,2072 amu ou $3,440639*10^{-26}$ kg. Isto significa a libertação de $3,0924463*10{-11}$J para a cisão de 1 átomo de $_{92}235U$. A cisão de 1 grama ($25,_{6261*102}{}^0$ átomos) libertaria, portanto, $7,9247338*10^{10}$ J.

Capítulo 2: O PROJECTO MANHATTAN:

O esforço de investigação americano tinha sido distribuído por várias universidades muito dispersas e dirigido por professores individuais. Para reunir estas diversas actividades e pessoas foi necessário proceder a uma série de mudanças organizacionais e de liderança, que acabaram por levar à nomeação de Leslie Robert Groves como diretor do projeto em setembro de 1942. As actividades foram camufladas sob o nome de código Manhattan Engineering District, geralmente abreviado para Projeto Manhattan. Groves era um coronel de 46 anos do Corpo de Engenheiros que, como subchefe de construção do Exército dos Estados Unidos, não era alheio à supervisão de projectos de grande escala, como a construção do Pentágono, e à responsabilidade de gastar grandes somas de dinheiro. Mas estava ansioso por se aproximar da zona de guerra e comandar tropas em ação, pelo que não ficou muito satisfeito com a sua nova nomeação. Sabia, no entanto, qual era o seu dever e a promoção a brigadeiro suavizou o golpe e deu-lhe maior autoridade para a formidável tarefa que tinha pela frente.[1]

Groves era filho de um advogado que tinha entrado para o ministério mais tarde na vida e tinha servido como padre na Frente Ocidental durante a primeira Guerra Mundial. Tinha cerca de 1,8 m de altura, mas estava nitidamente acima do peso - as estimativas variavam entre 115 e 130 kg - e, embora toda esta carne não lhe permitisse apresentar uma figura muito militar, em especial quando usava cinto, não lhe retirava a energia dinâmica nem o ego. Apelidado de "Greasy Groves" nos primeiros tempos no Exército, não era conhecido pelo seu tato e era quase universalmente antipatizado; além disso, era anglófobo. Era, no entanto, muito respeitado e, para muitos, temido. O seu segundo comandante disse que "o odiava"[1] e descreveu-o como "o maior filho da mãe que alguma vez conhecera", mas continuava confiante na sua capacidade decisiva e implacável.

Groves tinha-se formado em engenharia no Massachusetts Institute of Technology, antes de ir para West Point, onde foi o quarto melhor da turma, mas não gostava de cientistas e considerava a maior parte deles inflexíveis, indecisos e argumentativos. Precisava, no entanto, de alguém para dirigir o novo laboratório central onde a bomba seria concebida, e a sua escolha recaiu sobre Robert Oppenheimer. Foi uma seleção surpreendente, mas inspirada.

Oppenheimer era alto e magro, com menos de metade do peso de Groves, e dava sempre a impressão de que beneficiaria de uma boa refeição e de algum exercício físico. O seu semblante era triste e lúgubre, a sua postura descaída, os seus movimentos semelhantes a marionetas, como se as suas articulações não estivessem bem coordenadas, e havia nele um ar geral de tensão e nervosismo que era exacerbado pelo seu hábito de fumar em cadeia. Nasceu a 22 de abril de 1904, filho de um judeu alemão que tinha emigrado para os Estados Unidos em 1898 e que tinha prosperado como importador de têxteis. Robert era uma criança delicada e teve um desenvolvimento nitidamente tardio; ele próprio se referiu a "uma adolescência quase infinitamente longa". Nos seus primeiros anos, foi atormentado pela doença, pela falta de confiança em si próprio e pela solidão. Nunca foi capaz de se reconciliar consigo próprio ou com o mundo, e tinha uma visão ascética e poética que era tão irrealista que estava sempre desiludido com qualquer das suas realizações. Era um perfeccionista, tão inteligente e ambicioso que os seus objectivos pareciam sempre inalcançáveis. Esperava que tudo e todos fossem muito especiais, mas nunca o foram.

Nos seus primeiros tempos, primeiro em Harvard e mais tarde em Cambridge e noutras universidades europeias, era claramente infeliz. Um psiquiatra diagnosticou-lhe de facto (erradamente, como se veio a verificar) um tipo de esquizofrenia e o próprio Oppenheimer escreveu que estava "prestes a perder a cabeça". Mas conseguiu ultrapassar todas estas dificuldades e floresceu nos seus trinta anos, altura em que se dedicou ao estudo da teoria quântica e começou a estabelecer uma reputação internacional neste domínio. Ocupou cargos de professor no Instituto de Tecnologia da Califórnia e na Universidade da Califórnia, onde criou uma escola mundialmente famosa. A sua língua cáustica continuava a ser a sua língua de trabalho, não se deixava enganar e continuava a parecer muito arrogante. A sua fortuna privada também lhe permitia agir de forma muito independente, mas, de um modo geral, tinha aprendido a conter aquilo a que ele próprio chamava a sua "bestialidade", de tal forma que a sua personalidade forte e o seu charme começaram a transparecer cada vez mais claramente. Estes factores tiveram um efeito particularmente marcante nos seus alunos e no sexo oposto, e começou a ganhar a reputação de professor inspirado e de ser um pouco "ladykiller". Leona Bibby (mais tarde Marshall), que era uma das poucas mulheres ativamente envolvidas no trabalho de investigação, descreveu-o como "um espírito desencarnado que nunca se exprimia completamente e deixava a sensação de que tinha profundidades de sensibilidade e de perspicácia em camadas não reveladas, como os sete véus de Salomé".[1]

Sem dúvida, Oppenheimer era uma personagem complexa, com muitos dos inconvenientes normalmente associados a um toque de génio, e nem todos pensaram que Groves tivesse sido sensato ao nomeá-lo para dirigir o que quer que fosse. Nunca tinha liderado um grupo muito grande de pessoas, os seus interesses residiam em teorias algo obscuras, não era um bom experimentalista, era considerado por muitos como indeciso e não era um vencedor do Prémio Nobel, ao contrário de muitas das pessoas com quem teria de trabalhar. Mais importante ainda, as suas tendências políticas eram de esquerda e tinha estado associado a membros do Partido Comunista. A sua primeira noiva, Jean Tatlock, que começou a cortejar em 1936 e com quem teve uma relação tempestuosa, de idas e vindas, era membro do partido, e Katherine Puening (Kitty), com quem casou como quarto marido, em 1939, tinha sido anteriormente casada com um membro que tinha sido morto a combater em Espanha. O irmão de Robert, Frank, um colega físico, e a sua mulher, eram também antigos membros do partido comunista. Foi, no entanto, a amizade de Oppenheimer, desde 1938, com Haakon Chevalier, professor de línguas românicas na Universidade da Califórnia, que se revelou a mais prejudicial, porque, no final de 1943, Oppenheimer apontou Chevalier como o homem que tinha estado envolvido, embora sem êxito, numa tentativa de o apresentar a um agente russo. Para tentar proteger Chevalier, Oppenheimer tinha inicialmente prevaricado quando abordado sobre esta questão pelas autoridades de segurança e só revelou toda a verdade quando pressionado por Groves a fazê-lo.

Groves admitiu que um tal passado "não era do nosso agrado", mas tinha um apreço tão grande por Oppenheimer que usou a sua considerável autoridade para obter a sua habilitação de segurança, escrevendo em 20 de julho de 1943: "De acordo com as minhas instruções verbais de 15 de julho, é desejável que seja emitida sem demora uma habilitação para o emprego de Julius Robert Oppenheimer, independentemente da informação que tenha sobre o Sr. Oppenheimer. Ele é absolutamente essencial para o projeto". [1]

Apesar de Oppenheimer ter afirmado nunca ter considerado que as ideias comunistas fizessem sentido, o rótulo de companheiro de viagem ficou-lhe colado e foi mantido sob vigilância constante e frequentemente interrogado. No final, o seu passado, com ou sem razão, apanhou-o e a sua lealdade, ou a falta dela, tornou-se uma *causa célebre* nos anos do pós-guerra. As duas principais mulheres da sua vida, parcialmente responsáveis pela marca, também não lhe proporcionaram uma felicidade constante. Jean Tatlock suicidou-se em 1944 e, embora Kitty lhe tenha dado uma filha nesse mesmo ano, reagiu à tensão geral voltando-se para a bebida. Mas quaisquer que fossem as cruzes que tivesse de carregar, Oppenheimer retribuía plenamente a fé que o General Groves tinha demonstrado nele, e os dois, tão diferentes em muitos aspectos e apenas formalmente amigos, estabeleceram uma relação de trabalho surpreendentemente boa à medida que se dedicavam à sua tarefa.

Roosevelt tinha decretado que "o tempo era essencial", não havia escassez de fundos e o General Groves não era um desleixado. Fazia parte da sua natureza agir primeiro e fazer perguntas depois. Começou por visitar as universidades onde já se trabalhava e por tomar medidas para garantir a disponibilidade de fornecimentos adequados de urânio, enquanto Oppenheimer começava a recrutar uma equipa de cientistas. O plano geral era que alguma investigação básica continuasse em algumas universidades, mas que fossem construídos novos centros onde se pudesse concentrar o pessoal e as instalações necessárias. Em setembro de 1942, foi comprado um local em Clinton, no Tennessee oriental, onde o ^{235}U seria separado do urânio natural; este veio a ser conhecido como Oak Ridge. Em janeiro de 1943, foi adquirido um outro local, para a produção de plutónio, em Hanford, nas margens do rio Columbia, no estado de Washington. O terceiro, adquirido em novembro de 1942, em Los Alamos, no norte do Novo México, destinava-se a fornecer um laboratório central, que seria dirigido pelo próprio Oppenheimer, onde a bomba seria concebida e fabricada logo que os materiais necessários estivessem disponíveis. Os locais escolhidos eram remotos e distantes uns dos outros para limitar quaisquer tentativas de sabotagem e para proporcionar uma boa segurança. Groves esperava compartimentar todo o trabalho de modo a que uma equipa não soubesse muito sobre o que a outra estava a fazer, com muito poucas pessoas a terem uma visão global. Esta era uma abordagem tipicamente militar, mas causou muitos atritos entre os militares e os cientistas que estavam habituados a uma discussão muito mais aberta. O secretismo foi, de facto, uma questão controversa durante todo o processo.

Para avançar o mais rapidamente possível, foi adotado o método de desenvolvimento paralelo. Se mais do que uma forma de resolver um problema parecia ser viável, todas elas eram investigadas na íntegra, sem uma grande consideração preliminar dos prós e contras pormenorizados. Este método era dispendioso e conduzia inevitavelmente a algumas situações de incerteza.

mas abriram-se caminhos suficientemente claros para indicar o caminho a seguir.

As instalações de Oak Ridge, onde o ^{235}U seria extraído do urânio natural, abrangiam 250 km2 de terras rurais empobrecidas, escassamente povoadas e constituídas principalmente por argila vermelha, o que significava que havia geralmente muita lama quando chovia. Inicialmente, foi planeada uma nova cidade para acolher 13.000 pessoas, mas no verão de 1945 atingiu-se um pico de população de 75.000 pessoas, o que fez de Oakridge a quinta maior cidade do Tennessee. Tratava-se de uma zona militar fechada, rodeada de arame farpado, e todos os serviços associados a uma grande cidade - habitação, água, esgotos, eletricidade, escolas, hospitais, igrejas, estradas e caminhos-de-ferro - tinham de ser assegurados, bem como todos os edifícios e instalações técnicas especiais.

Embora o ^{235}U tenha sido separado do ^{238}U numa pequena escala laboratorial, a tarefa de o separar numa grande escala industrial era hercúlea. O urânio natural continha apenas 0,7 por cento de ^{235}U e diferia em massa do ^{238}U em apenas 1,26 por cento.

O saber-fazer era demasiado escasso para que se pudesse prever qual seria o melhor método para resolver o problema, pelo que, inicialmente, foram adoptados dois métodos: a separação electromagnética e a difusão gasosa; mais tarde, foi também experimentado um terceiro método, a difusão térmica. Os três processos deram passos audaciosos em território desconhecido e, devido à falta de tempo, a investigação, o desenvolvimento, a construção e o funcionamento tiveram de ser efectuados mais ou menos em simultâneo. Num processo de desenvolvimento tão rápido de uma nova tecnologia, não é de surpreender que houvesse obstáculos formidáveis a ultrapassar. O recrutamento e a formação do pessoal; a aquisição de todas as grandes quantidades de materiais necessários; o projeto e a construção da fábrica; e o funcionamento bem sucedido dos novos processos, tudo isto causou muitas dores de cabeça e muitos contratempos.

No método de separação eletromagnético, desenvolvido principalmente por Ernest Lawrence na Universidade da Califórnia, o vapor de um composto de urânio é carregado eletricamente e depois passa através de um vácuo rodeado por ímanes ovais muito fortes, de 4.570 toneladas. O campo magnético desvia os átomos de urânio carregados eletricamente, mas desvia os mais leves ^{235}U mais do que os mais pesados ^{238}U, de modo que os dois são separados. A instalação era conhecida como coultron ou pista de corridas, e foram planeadas cerca de 500 para fornecer a quantidade certa de ^{235}U. A construção começou em fevereiro de 1943 e a fábrica começou a funcionar em novembro desse ano, mas, no final do ano, havia tantas falhas nos ímanes que mal tinha produzido 1 grama de ^{235}U. Só em setembro de 1944, depois de todos os ímanes originais terem sido desmontados e reconstruídos, começaram a ser produzidas quantidades mais promissoras.

No método de difusão gasosa, o urânio natural foi convertido em hexafluoreto de urânio (hex), que é um gás constituído por uma mistura de moléculas $235UF^6$ e $238UF^6$. Quando o gás é bombeado através de um filtro ou barreira porosa, as moléculas mais leves de $235UF^6$ passam ligeiramente mais depressa do que as mais pesadas de $238UF^6$, de modo que o gás que emerge do filtro é enriquecido em $235UF^6$. Apenas um filtro permitia um enriquecimento muito ligeiro, pelo que o processo tinha de ser repetido vezes sem conta através de uma cascata de milhares de filtros. Os principais problemas eram o manuseamento do gás hexafluoreto de urânio, muito corrosivo, e o fabrico de filtros adequados. Todas as centenas de quilómetros de tubagens da central tiveram de ser revestidas com níquel para resistir ao gás, e teve de ser desenvolvido um novo vedante especial (atualmente muito utilizado sob a designação comercial de Teflon) para ser utilizado nas milhares de bombas, uma vez que o hexafluoreto atacava as massas lubrificantes normais. A dificuldade em fabricar filtros satisfatórios deveu-se ao facto de terem de ter poros muito finos e, no entanto, serem suficientemente fortes para suportar as pressões de gás a que estavam sujeitos. O primeiro tipo de filtro foi substituído por um projeto melhorado, mas isto causou algum atraso, pelo que só no início de 1945 é que a central de difusão gasosa começou a produzir uma quantidade razoável de urânio enriquecido.

No processo de difusão térmica, os isótopos são separados introduzindo a mistura num tubo cilíndrico vertical, que é arrefecido no exterior e que tem um cilindro concêntrico aquecido no interior ao longo do seu eixo. Os isótopos mais leves deslocam-se para a superfície interna quente e depois para o topo do cilindro. Os isótopos mais pesados deslocam-se para a superfície exterior, fria, e para baixo, para o fundo do cilindro. Um cilindro produz apenas uma separação muito pequena, mas os milhares de cilindros em prateleiras atingem os resultados desejados. A construção da fábrica começou em junho de 1944 e, apesar de muitos problemas com fugas, estava a funcionar razoavelmente bem no início de 1945.

Pode parecer um desperdício operar três processos diferentes em simultâneo, mas, no fim de contas, todos eles se mantêm, porque só utilizando o urânio parcialmente enriquecido de um processo como matéria-prima para outro processo é que o produto necessário é fabricado em quantidades suficientes. O planeamento foi excecionalmente difícil porque, particularmente nas fases iniciais, nem a quantidade real de ^{235}U necessária para uma bomba "Little Boy", nem o grau de pureza desejado, eram conhecidos com alguma certeza. As estimativas da quantidade começaram por ser de cerca de 100 quilogramas mas, no final, cerca de 40 quilogramas de 235U com cerca de 80% de pureza foram considerados satisfatórios e um pouco mais do que esta quantidade foi entregue em Los Alamos em 24 de julho de 1945. Passaram menos de três anos desde que o General Groves tinha organizado a compra das instalações de Oak Ridge.

Para produzir plutónio, necessário para o "Fat Man", foi necessário construir uma versão muito maior da pilha que Fermi tinha construído no seu campo de squash em Chicago. Foram efectuados alguns trabalhos de desenvolvimento na floresta de Argonne, perto de Chicago, e em Oak Ridge, mas o local de produção final escolhido foi Hanford, no estado de Washington, nas margens do rio Columbia. A disponibilidade de grandes quantidades de água do rio para fins de arrefecimento e a proximidade da barragem de Grand Coulee, com o seu sistema hidroelétrico associado, tornaram o local muito satisfatório. A Hanford original era uma pequena aldeia ribeirinha com um interior escassamente povoado de deserto coberto de tempestades e arbustos. O General Groves inspeccionou o local em 16 de janeiro de 1943 e cerca de 2.000 km2 de terreno foram adquiridos em fevereiro. Tal como em Oak Ridge, foi criada uma nova cidade que, no seu auge, tinha uma população de cerca de 60.000 habitantes.

O fabrico do plutónio envolveu duas fases. Em primeiro lugar, tinha de ser fabricado numa pilha, ou num reator, como era por vezes chamado, através do bombardeamento de ^{238}U por neutrões. Mas como apenas uma pequena parte do ^{238}U era convertida em plutónio, era necessário seguir um processo de extração química para obter o plutónio puro. Foram construídas três pilhas, com intervalos de 10 km, ao longo do rio Columbia. Estas eram de uma escala completamente diferente da original de Fermi: ele chamou-lhes "animais diferentes". Não só eram muito maiores, como também utilizavam urânio e grafite mais puros e incorporavam extensos sistemas de arrefecimento e proteção para poderem funcionar com potências muito mais elevadas. Milhares de tubos de alumínio, embutidos em cilindros de grafite sólida, com 8,5 por 11 m de dimensão, continham balas de urânio, elas próprias revestidas de alumínio. Quando a pilha estava a funcionar, as balas eram mantidas frias passando água sobre elas através dos tubos. No pico, foram utilizados 350.000 litros de água por minuto, sendo a água aquecida devolvida, após tratamento, ao rio. Para evitar os efeitos nocivos da grande radiação emitida, a pilha foi protegida por placas de aço, betão e madeira comprimida especial de alta densidade.

Depois de a pilha ter funcionado durante cerca de sete semanas, as balas de urânio, contendo agora cerca de 250 partes por milhão de plutónio, foram simplesmente empurradas para fora dos tubos de alumínio para tanques de água e substituídas por novas balas. Depois de terem sido armazenadas na água durante cerca de oito semanas, para dar tempo a que a radioatividade de curta duração diminuísse, as balas estavam prontas para tratamento químico para extrair o seu pequeno teor de plutónio. O processo de extração, que tinha sido desenvolvido por Glenn Seaborg, envolveu alguma química complexa e, como as lesmas ainda eram altamente radioactivas, alguma tecnologia complexa. O processo, que começa com a solução das balas em ácido nítrico concentrado e quente, foi efectuado em três grandes instalações erguidas a 16 km das pilhas. Cada central era constituída exteriormente por estruturas maciças de betão, com 243 m de comprimento, 20 m de largura e 24 m de altura. As paredes eram feitas de betão com 2,1 m de espessura e o telhado tinha 1,8 m de espessura. Chamavam-se "Queen Mary's", em homenagem ao enorme navio com o mesmo nome. Dentro de cada "Queen Mary" havia várias células onde se realizavam as diferentes operações químicas, mas a radiação era tão intensa que todas elas tinham de ser feitas por controlo remoto através das paredes de betão, utilizando periscópios, câmaras de televisão e equipamento de manuseamento operado automaticamente.

A construção da primeira pilha começou em agosto de 1943 e a sua primeira operação teve lugar em setembro de 1944. As outras pilhas também estavam em ação no final de 1944 e os primeiros fornecimentos de plutónio a Los Alamos foram entregues no início de 1945. Em meados desse ano, tinha sido fornecido plutónio suficiente para fabricar duas bombas "Fat Man", e muito mais estava na calha.

Los Alamos situava-se numa zona de floresta acidentada, numa região isolada de vulcões extintos. Toda a área estava dividida por desfiladeiros profundos em planaltos longos e finos, chamados mesas, que se encontravam frequentemente a uma altura de 2,3 km. O acesso às mesas era extremamente difícil e a área só podia ser alcançada após uma perigosa viagem de 56 km a partir de Santa Fé, a comunidade mais próxima de qualquer dimensão. Quando o local foi inspeccionado pela primeira vez por Groves e Oppenheimer, estava ocupado apenas por alguns rancheiros e por uma escola privada para rapazes, e foram os edifícios da escola que forneceram uma base a partir da qual se poderia expandir. Oppenheimer estava particularmente satisfeito com a escolha do local porque conhecia bem a área, tendo partilhado uma cabana a cerca de 100 km de distância com o seu irmão durante vários anos.

Los Alamos foi oficialmente inaugurado a 15 de abril de 1943, mas muitos dos novos edifícios planeados estavam longe de estar prontos e havia um ar geral de caos e confusão quando Oppenheimer começou a pôr o espetáculo em marcha, viajando por todo o país a recrutar "os homens que poderiam fazer deste empreendimento um sucesso" no desconhecido. Não era fácil persuadir cientistas que já estavam totalmente ocupados em empregos da sua escolha a mudarem-se para um local de que nunca tinham ouvido falar para trabalharem num projeto, estreitamente ligado aos militares, sobre o qual a maioria deles sabia muito pouco. "Havia um grande receio", escreveu Oppenheimer, "de que se tratasse de uma coisa sem importância que, de facto, nada teria a ver com a guerra que estamos a travar".[5] Mas, no final, a sua capacidade de persuasão foi tal que conseguiu reunir o que Groves descreveu como "a maior coleção de cabeças de ovo de sempre".[1]

Tratava-se de um elenco internacional, com muitos nativos americanos apoiados por outros cujas origens se situavam em Itália, Hungria, Polónia, Áustria, Alemanha e Rússia. Como escreveu G.P. Thomson: "É digno de nota, e espero que seja notado por futuros ditadores, o papel dominante desempenhado pelos físicos que fugiram do fascismo e do nazismo".[1] E, no final de 1943, após um acordo sobre a troca mútua de segredos sobre a energia atómica, alcançado entre Roosevelt e Churchill numa conferência no Quebeque, juntaram-se-lhes muitos cientistas britânicos do projeto "Tube Alloys". Akers, Frisch, Peierls, Chadwick, Oliphant, Penney e Niels Bohr, com o seu filho Aage, estavam entre os que foram trabalhar para o outro lado do Atlântico. O mesmo aconteceu com Klaus Fuchs, um alemão que se naturalizou cidadão britânico e que passou por todos os ecrãs de segurança para se tornar famoso por passar informações secretas aos russos.

Muito trabalho de base tinha de ser feito sobre a química e a metalurgia do urânio e do plutónio e sobre a forma de os manusear em segurança, mas os principais problemas que tinham de ser resolvidos eram os tamanhos críticos dos dois materiais e os pormenores da forma como poderiam ser transformados numa bomba viável. As massas críticas foram medidas numa série de experiências perigosas em que massas subcríticas dos materiais foram reunidas numa massa supercrítica durante uma fração de segundo. O trabalho necessário foi efectuado pelo chamado Grupo de Montagem Crítica, que operava num edifício num desfiladeiro afastado dos laboratórios principais. Num conjunto de experiências, um pedaço de hidreto de urânio enriquecido com[235] U foi deixado cair através de um anel do mesmo material. Ao atravessá-lo, o conjunto tornou-se supercrítico durante uma fração de segundo, simulando uma pequena bomba, e foi possível medir a produção de energia. Otto Frisch, de quem foi a ideia, referiu-se às experiências como "torcer a cauda do dragão". Outras experiências envolveram a construção de pequenos blocos de materiais numa pequena pilha até se atingir a dimensão crítica, e foi esta operação que causou a única morte em tempo de guerra em Los Alamos. Harry Gaghlian, que trabalhava sozinho à noite, contrariando os regulamentos acordados, deixou cair acidentalmente um dos blocos na pilha e o surto de radiação resultante levou à sua morte vinte e quatro dias depois. Um colega de trabalho, Louis Slotin, foi morto por um incidente semelhante após a guerra.

A primeira ideia para fazer uma bomba consistia em montar duas peças subcríticas de material em extremidades opostas de um cano de arma selado. Para fazer explodir a bomba, uma das peças seria disparada contra a outra, utilizando uma carga explosiva, para formar uma massa supercrítica e, ao mesmo tempo, desencadear uma fonte de neutrões. As duas peças têm de se juntar à velocidade certa; se for demasiado rápido, podem desintegrar-se com o impacto antes que a reação em cadeia se inicie; se for demasiado lento, a reação em cadeia pode aumentar demasiado lentamente e produzir apenas calor suficiente para fazer com que a massa se expanda sem explodir.

Este método de "pistola" foi considerado satisfatório para o ^{235}U utilizado em "Little Boy", mas não funcionou para o plutónio, uma vez que duas peças deste material não podiam ser disparadas em conjunto com rapidez suficiente num cano de pistola. Isto deveu-se à presença de uma proporção demasiado elevada de átomos de ^{240}Pu entre os átomos predominantes de ^{239}Pu. Por conseguinte, foi necessário utilizar um método de implosão muito mais complicado para fabricar o "Fat Man". A ideia era que dois hemisférios de plutónio que se tocavam, formando uma esfera que estava abaixo do tamanho crítico e que tinha uma fonte de neutrões no seu centro, seriam rodeados por cargas explosivas que, quando detonadas, comprimiriam a esfera até cerca de metade do seu tamanho original. O correspondente aumento da densidade do plutónio significaria que os átomos ficariam mais próximos uns dos outros, de modo que os neutrões responsáveis pela reação em cadeia teriam de percorrer distâncias muito mais curtas antes de colidirem com outros átomos de plutónio. A esfera mais pequena de plutónio de alta densidade seria, portanto, supercrítica.

A necessidade de desenvolver dois tipos de bomba bastante diferentes - a "arma" para o ^{235}U e a "implosão" para o plutónio - significava que o esforço de investigação tinha de ser duplo, o que sobrecarregava ainda mais a capacidade de organização de Oppenheimer e exigia muito das instalações de Los Alamos. Houve também decisões muito difíceis sobre prioridades, pois, nessa fase, parecia provável que o^{235}U, que podia ser transformado numa bomba com bastante facilidade, não estaria disponível tão cedo como o plutónio, que seria claramente mais difícil de transformar numa bomba. A situação também não foi favorecida quando Seth Neddermeyer, um bom cientista mas um mau organizador, que dirigiu o trabalho original sobre o método de implosão, teve de ser substituído por George B. Kistiakowsky porque os progressos estavam a ser feitos muito lentamente.

Tratava-se de um campo de investigação quase completamente novo, que, devido à falta de qualquer trabalho de base, envolvia uma grande dose de imaginação e intuição. A ideia era rodear uma esfera central de plutónio com uma camada de urânio natural e ter uma camada exterior de cargas explosivas especialmente concebidas e moldadas. Estas cargas concentrariam a explosão no centro da esfera e, como este efeito de concentração era semelhante ao de uma lente sobre a luz, as cargas foram designadas por lentes. As lentes, que tinham de ser fabricadas com uma precisão de alguns milésimos de centímetro para se encaixarem com suficiente exatidão, eram fundidas em moldes e acabadas por maquinagem. Havia dois componentes. Um continha uma mistura explosiva de combustão rápida, denominada Composição B, constituída por TNT, RDX e uma cera. O outro era uma mistura de combustão mais lenta, denominada Baratol, contendo TNT, nitrocelulose, nitrato de bário e alumínio em pó. As duas misturas destinavam-se a criar uma onda de detonação suave e simétrica que comprimiria primeiro a camada de urânio natural e depois o plutónio central. Num período de cerca de dois anos, foram efectuadas mais de

20.000 fundições e 50.000 operações de maquinagem para tentar obter os resultados desejados, mas, após todos os testes, subsistiam algumas dúvidas sobre se a conceção radicalmente nova do "Fat Man" funcionaria de forma satisfatória. Por conseguinte, foi decidido, em 1944, que qualquer incerteza deveria ser resolvida através da realização de um ensaio de tiro à escala real num protótipo do "Fat Man". A decisão foi facilitada pelo facto de se saber que, no verão de 1945, se esperava que houvesse plutónio suficiente para fabricar duas ou mesmo três bombas. Foi uma sorte que um teste semelhante da bomba mais simples "Little Boy" não tenha sido considerado essencial, porque o fornecimento de ^{235}U era claramente limitado.

O teste do "Fat Man" foi efectuado no sul do Novo México, num terreno de 30 por 39 km, no limite do campo de bombardeamento de Alamogordo. Tratava-se de uma área plana e desértica no centro de um vale banhado pelo sol, tão seco e quente durante o dia que foi batizado de Trilho do Homem Morto pelos primeiros exploradores espanhóis. O teste e o local foram baptizados com o nome de código Trinity, uma sugestão proveniente da mente imaginativa de Oppenheimer e inspirada pela sua recordação de linhas de um dos "Sonetos Sagrados" de John Donne:

Bata no meu coração, Deus trino; para si

Ainda só bate, respira, brilha e procura consertar.

Para que eu possa erguer-me e ficar de pé, derrubar-me e dobrar-me

A sua força para quebrar, soprar, queimar e fazer-me novo.[1]

O novo local, tal como os de Oak Ridge, Hanford e Los Alamos, exigiu a criação de mais um novo município a partir do nada.

A bomba de ensaio deveria explodir no topo de uma torre metálica de 30 metros de altura, construída num local apelidado de "Ground Zero". Entre 8 e 10 km de distância, a norte, oeste e sul, havia postos de observação construídos em terra com telhados de lajes de betão apoiados em fortes vigas de madeira. O acampamento base situava-se a 6,5 km mais a sul e havia uma plataforma de observação para os VIPs numa colina a 32 km do Ground Zero.

Após alguns adiamentos devido ao facto de a bomba não estar pronta, o dia 16 de julho de 1945 foi escolhido como o dia fatídico, e Groves e Oppenheimer, juntamente com outros cientistas seniores e visitantes ilustres, chegaram no dia 15th . Nessa altura, a bomba já tinha sido montada em grande parte no topo da torre, mas não sem grandes dificuldades, pois uma tempestade de granizo no deserto, com fortes rajadas de vento e muitos trovões e relâmpagos, tinha dificultado seriamente o trabalho. As más condições climatéricas continuaram a causar grande preocupação, pelo que a hora prevista para o ensaio foi alterada das 2h00 para as 4h00 e depois para as 5h30.

Foi uma espera longa, quase insuportável, que pareceu uma eternidade, sobretudo para a maioria que não tinha um papel ativo nos últimos preparativos. Alguns conseguiram dormir um pouco, mas muitos limitaram-se a vaguear na escuridão. Groves tentou manter toda a gente calma e foi particularmente útil para Oppenheimer, mas à medida que o momento da verdade se aproximava a tensão geral aumentava.

Os observadores foram instruídos a untar a pele com creme anti-queimaduras solares, a fechar os olhos e a cobri-los com as mãos, e a deitarem-se no chão, ou numa trincheira pouco profunda, de costas e com os pés virados para a torre. Um foguete verde Very Rocket foi disparado às 5h25 da manhã; em seguida, houve outro foguete de aviso de 1 minuto; e quando faltavam apenas 45 segundos para o final, entrou em ação um sistema de cronometragem automático que estava sob o controlo de Donald Hornig, que tinha concebido o mecanismo que deveria disparar a bomba e que tinha sido o último homem a descer do topo da torre depois de ter feito os últimos ajustes na bomba. Só ele poderia ter parado o ensaio em qualquer altura.

mas não foi necessário, e a primeira bomba atómica do mundo explodiu 15 segundos antes das 5h30 da manhã de 16 de julho de 1945.

Ainda estava escuro e o primeiro efeito foi uma explosão de luz brilhante e abrasadora que iluminou toda a área muito mais intensamente do que o sol do meio-dia. O clarão foi visto a 290 km de distância, e os observadores mais próximos sentiram a enorme intensidade da luz mesmo através dos seus olhos fechados e tapados. Sentiram também o calor como se a porta de um forno muito quente tivesse sido aberta. Quando se viraram para ver o que tinha acontecido, usando vidro fumado para olhar através dele, viram uma enorme bola de chamas de fogo vermelhas, cor de laranja e amarelas a subir do deserto. Quase de imediato sentiram uma rajada de ar, que derrubou alguns dos que estavam de pé, a que se seguiu o estrondo da explosão. Depois disso, a bola de fogo transformou-se muito lentamente numa nuvem de poeira em forma de cogumelo, que subiu até uma altura de quase 11 km antes de ser soprada em muitas direcções diferentes pelos ventos variáveis a diferentes altitudes.

A explosão fez uma cratera de 350 m de diâmetro no chão do deserto e, imediatamente abaixo da torre, que tinha praticamente desaparecido, havia outro buraco com 36 m de largura e 2 m de profundidade, cheio de uma substância semelhante ao vidro, porque a temperatura tinha sido suficientemente elevada para derreter a areia do deserto. Um tubo de ferro de 10 cm, a 450 m do Ground Zero, tinha-se evaporado; a 800 m, uma torre de 21 m de altura, construída com 40 toneladas de aço assente em alicerces de betão, tinha sido achatada e despedaçada; e janelas de vidro laminado a 300 km de distância estavam rachadas. As medições mostraram que a bomba tinha sido equivalente a quase 19 k toneladas de TNT, o que era quase quatro vezes mais potente do que os projectistas de Los Alamos tinham esperado. O que os presentes viram e sentiram não tinha precedentes e tiveram dificuldade em exprimir as suas observações ou emoções em palavras. Não foi possível fazer comentários e discussões sensatas após o acontecimento, porque todos estavam atónitos e tontos. Para alguns, era difícil lidar com a alegria de verem os seus esforços coroados de êxito; para outros, era difícil lidar com aquilo a que o Dr. Kenneth Bainbridge, diretor do teste, chamava "este espetáculo espantoso "[1], e para outros, ainda, era já possível sentir medo daquilo que tinham desencadeado.

O General Groves manteve uma compostura militar fria e felicitou Oppenheimer, dizendo, calmamente, "Estou orgulhoso de todos vós". Oppenheimer respondeu com um simples "obrigado "[11], mas os seus pensamentos mais profundos foram talvez melhor expressos numa frase que recordou do Bhagavad-Gita hindu: "Agora sou a morte, o destruidor de mundos".[1] Bainbridge fez eco do sentimento dizendo que "agora eram todos filhos da mãe", 1 e até o frio Fermi ficou tão afetado que teve de pedir a um amigo que o levasse a casa.

Na Europa, Adolf Hitler tinha-se suicidado, os exércitos alemães tinham-se rendido nas primeiras horas da manhã de segunda-feira, 7 de maio, e o General Eisenhower, o Comandante Supremo dos Aliados, tinha anunciado numa mensagem radiofónica de 8 de maio - DIA DO VÉU - que "os sons das batalhas tinham desaparecido da cena europeia". Estimava-se que cerca de quarenta milhões de vidas tinham sido perdidas - direta ou indiretamente - nos seis anos de carnificina. Ironicamente, e de forma surpreendente, verificou-se que a ideia de uma bomba atómica alemã, que tinha sido a força motriz por detrás dos esforços britânicos e americanos, não passava de um mito. Os alemães nunca tinham empreendido qualquer projeto sério a longo prazo para fabricar uma bomba desse tipo, embora estivessem bem cientes das suas possibilidades. Nos dois primeiros anos da guerra, um grupo de cientistas, liderado por Werner Heisenberg e conhecido como Uranverein (a sociedade do urânio), tinha feito progressos consideráveis na conceção de métodos de separação dos isótopos de urânio e na construção de uma pilha atómica experimental, mas em meados de 1942 foi decidido orientar os principais esforços de investigação para bombas voadoras e foguetões.

Infelizmente, o Presidente Roosevelt não viveu para ver o VE-Day, pois teve um colapso enquanto estava sentado para um retrato, em 12 de abril, e morreu no mesmo dia. Foi Presidente durante treze anos e contribuiu muito para o êxito do conflito europeu.

Mas a guerra no Extremo Oriente estava longe de terminar. Os japoneses tinham invadido muitas ilhas longínquas nos seus primeiros e bem sucedidos dias, quando quase chegaram à Austrália e, quando o contra-ataque teve lugar, lutaram até à morte para as manter. A reconquista da pequena ilha de Iwo Jima custou aos americanos mais de 4 mil mortos, enquanto em Okinawa mais de 12,5 mil americanos e 100 mil japoneses foram mortos em 3 meses de combates. As estimativas sugeriam que os americanos poderiam sofrer mais de 200 mil mortes se seguissem o seu caminho e tentassem um ataque direto às ilhas japonesas.

O novo Presidente, Harry Truman, teve de enfrentar este desafio. É uma medida do nível de segurança em torno do projeto Manhattan que, embora soubesse da sua existência, não sabia nada sobre o seu objetivo. Assim, ao mesmo tempo que estava a ser informado sobre a bomba atómica, tinha de começar a decidir o que fazer com ela. Todos os argumentos, alguns dos quais parecem mais poderosos agora do que na altura, foram expressos com grande veemência, e poucos líderes nacionais poderão alguma vez ter sido confrontados com uma decisão tão angustiante. No entanto, Truman decidiu, embora de forma não muito positiva, por volta de 1 de junho, que a bomba atómica deveria ser utilizada contra o Japão. Groves observou que "ele não disse "Sim" como não disse "Não". Seria de facto muito corajoso dizer "Não" nessa altura". Afinal de contas, já tinham sido gastos quase dois mil milhões de dólares no Projeto Manhattan, pelo que este não podia ser descartado de ânimo leve. A aprovação britânica para a utilização da bomba, que era uma parte necessária do Acordo do Quebeque, foi dada em 4 de julho. A atitude de Churchill foi claramente pragmática. Escreveu:

Nunca houve um momento de discussão sobre se a bomba atómica deveria ser usada ou não. Evitar uma carnificina vasta e indefinida, pôr fim à guerra, dar paz ao mundo, curar o seu povo torturado através de uma manifestação de poder avassalador à custa de algumas explosões, parecia, depois de todas as nossas fadigas e perigos, um milagre de libertação.[1]

Mais tarde, em julho, Churchill e Truman encontraram-se com Estaline numa conferência em Potsdam, e Truman, com pleno conhecimento do êxito do Teste Trinity, aproveitou a oportunidade para informar casualmente os russos da intenção americana de utilizar uma arma especial para forçar a rendição japonesa. Estaline não demonstrou grande surpresa ou interesse porque, sem que os americanos ou os britânicos soubessem, Karl Fuchs tinha vindo a fornecer informações secretas aos russos durante muitos anos, embora as suas actividades só viessem a ser conhecidas em 1950, quando regressou a Inglaterra como chefe de física teórica no Atomic Energy Research Establishment, em Harwell.

No final da Conferência de Potsdam, em 23 de julho, foi lançado um ultimato ao Japão em nome dos governos dos Estados Unidos, do Reino Unido e da China. Ficou conhecido como a Declaração de Potsdam e estabeleceu as condições para o fim da guerra, concluindo da seguinte forma: "Apelamos ao governo do Japão para que proclame agora a rendição incondicional de todas as forças armadas japonesas e para que dê garantias adequadas de boa fé nessa ação. A alternativa para o Japão é a destruição imediata e total".[16] O General Groves já tinha redigido uma diretiva para o General Carl Spaatz, o Comandante da Força Aérea, em 23 de julho. Começava por dizer: "O Grupo Composto 509, 20th Força Aérea, lançará a sua primeira bomba especial logo que as condições meteorológicas permitam um bombardeamento visual, após cerca de 3 de agosto de 1945, num dos alvos: Hiroshima, Kokura, Niigata, e Nagasaki.'

O governo japonês decidiu continuar a lutar; os homens do Coronel Tibbetts cumpriram o seu dever; e a natureza da guerra - e mesmo da vida - nunca mais foi a mesma.

Referência: Capítulo II

[1] Richard Rhodes:" The Making of the Atomic Bomb" Pub. Simon and Schuster, Grã-Bretanha (2012)

Capítulo 3: O HOLOCAUSTO DE HIROSHIMA:

O bombardeamento de Hiroshima[1] marcou uma nova era na crescente capacidade do homem na arte da auto-destruição. Durante o bombardeamento de saturação da Alemanha e do Japão na Segunda Guerra Mundial, as cidades foram destruídas, mas a destruição foi segmentada, exigindo dias ou semanas, para que os habitantes das cidades tivessem alguma hipótese de fugir ou encontrar abrigo. Além disso, os mortos ou feridos tinham o conforto de saber que estavam a ser mortos por armas mais ou menos familiares e aceitáveis. Mas em Hiroshima, na manhã clara e luminosa de 6 de agosto de 1945, milhares de pessoas foram mortas, outros milhares ficaram mortalmente feridas e as casas de um quarto de milhão de pessoas foram destruídas, segundos após a queda de uma única bomba. Desde esse dia, os terríveis progressos na tecnologia da guerra nuclear e o terrível conhecimento de que a indulgência em relação às armas atómicas pode prejudicar permanentemente o futuro biológico da raça humana combinaram-se para enfatizar o facto de que Hiroshima colocou a humanidade perante uma escolha fatídica.

O Dr. Michihiko Hachiya, então diretor do Hospital de Comunicações de Hiroshima, escreveu um diário das suas experiências como doente e diretor do hospital acamado. Seguem-se alguns excertos do seu livro "Diário de Hiroshima". Cito aqui os acontecimentos que se abateram sobre o bom médico a 6 de agosto de 1945, o dia em que a bomba atómica caiu sobre Hiroshima.

A hora era cedo; a manhã estava calma, quente e bonita. Folhas cintilantes, reflectindo a luz do sol de um céu sem nuvens, faziam um contraste agradável com as sombras no meu jardim, enquanto eu olhava distraidamente através das portas largas que se abriam para sul.

De cuecas e camisola interior, estava esparramado no chão da sala, exausto porque tinha acabado de passar uma noite de insónia em serviço como guarda de ar no meu hospital.

De repente, um forte clarão de luz assustou-me - e depois outro. Recordamos tão bem as pequenas coisas que me lembro perfeitamente de como uma lanterna de pedra no jardim ficou brilhantemente iluminada e debati se essa luz era causada por uma chama de magnésio ou por faíscas de um carrinho que passava.

As sombras do jardim desapareceram. A vista, onde um momento antes tudo tinha sido tão brilhante e soalheiro, estava agora escura e enevoada. Através da poeira, mal conseguia distinguir a coluna de madeira que suportava um canto da minha casa. Estava a inclinar-se loucamente e o telhado caía perigosamente.

Movendo-me instintivamente, tentei fugir, mas os escombros e as madeiras caídas impediam o caminho. Escolhendo cautelosamente o meu caminho, consegui chegar à roca e desci para o meu jardim. Uma profunda fraqueza apoderou-se de mim e parei para recuperar as minhas forças. Para minha surpresa, descobri que estava completamente nu. Que estranho! Onde estavam as minhas cuecas e a minha camisola interior?

O que é que aconteceu?

Tinha cortes e sangrava por todo o lado direito do meu corpo. Uma grande lasca sobressaía de uma ferida mutilada na minha coxa e algo quente escorria para a minha boca. A minha bochecha estava rasgada, descobri ao apalpá-la com cuidado, com o lábio inferior bem aberto. No meu pescoço estava cravado um fragmento considerável de vidro, que desalojei com naturalidade e, com o desprendimento de quem está atordoado e chocado, estudei-o e à minha mão manchada de sangue.

Onde estava a minha mulher?

De repente, completamente alarmado, comecei a gritar por ela: "Yaeko-san! Yaeko-san!
Onde é que está?

O sangue começou a jorrar. Teria a minha artéria carótida sido cortada? Iria esvair-me em sangue até à morte? Assustado e irracional, gritei de novo: "É uma bomba de quinhentas toneladas! Yaeko-san, onde estás? Caiu uma bomba de quinhentas toneladas!

Yaeko -san, pálida e assustada, com as roupas rasgadas e manchadas de sangue, emergiu das ruínas da nossa casa segurando o cotovelo. Ao vê-la, fiquei mais tranquilo. O meu próprio pânico foi aliviado e tentei tranquilizá-la.

Vamos ficar bem", exclamei. Mas vamos sair daqui o mais depressa possível.

Ela acenou com a cabeça e eu fiz-lhe sinal para que me seguisse.

O caminho mais curto para a rua passava pela casa ao lado e, por isso, lá fomos nós - correndo, tropeçando, caindo e voltando a correr até que, numa fuga precipitada, tropeçámos em qualquer coisa e caímos esparramados na rua. Ao pôr-me de pé, descobri que tinha tropeçado na cabeça de um homem.

"Desculpe-me! Dê-me licença, por favor! Eu gritei histericamente.

Não houve resposta. O homem estava morto . A cabeça pertencia a um jovem oficial cujo corpo foi esmagado debaixo de um portão maciço.

Ficámos na rua, inseguros e com medo, até que uma casa em frente começou a balançar e depois, com um movimento de rasgar, caiu quase aos nossos pés. A nossa própria casa começou a abanar e, num minuto, também ela se desfez numa nuvem de pó. Outros edifícios desabaram ou tombaram. Os incêndios surgiram e começaram a alastrar-se com um vento violento.

Por fim, apercebemo-nos de que não podíamos ficar ali na rua e voltámos os nossos passos para o hospital. A nossa casa tinha desaparecido; estávamos feridos e precisávamos de tratamento; e, afinal, era meu dever estar com o meu pessoal. Este último era um pensamento irracional... que bem poderia eu fazer a alguém, ferido como estava?

Começámos a andar, mas a vinte ou trinta passos tive de parar. A minha respiração tornou-se curta, o meu coração batia forte e as minhas pernas cederam. Apoderou-se de mim uma sede avassaladora e implorei a Yaeko-san que me arranjasse água. Mas não havia água. Passado algum tempo, as minhas forças voltaram e conseguimos continuar.

Ainda estava nu e, embora não sentisse a menor vergonha, fiquei perturbado ao perceber que o pudor me tinha abandonado. Ao virarmos uma esquina, deparámos com um soldado que estava parado na rua. Tinha uma toalha estendida ao ombro e perguntei-lhe se ma dava para cobrir a minha nudez. O soldado entregou-me a toalha de bom grado, mas não disse uma palavra. Pouco depois, perdi a torre e Yaeko -san tirou o avental e atou-o à volta das minhas costas.

O nosso progresso em direção ao hospital foi interminavelmente lento, até que, finalmente, as minhas pernas, rígidas por terem secado o sangue, recusaram-se a levar-me mais longe. A força, até mesmo a vontade, para continuar abandonou-me, por isso disse à minha mulher, que estava quase tão ferida como eu, para ir sozinha. Ela opôs-se, mas não havia alternativa. Tinha de ir à frente e tentar encontrar alguém que voltasse para me vir buscar.

Yaeko-san olhou para o rosto de May por um momento e depois, sem dizer uma palavra, virou costas e começou a correr em direção ao hospital. Uma vez, olhou para trás e acenou e, num instante, foi engolida pela escuridão. Já estava bastante escuro e, com a ausência da minha mulher, um sentimento de solidão terrível apoderou-se de mim.

Devo ter perdido a cabeça deitado na estrada, porque a próxima coisa de que me lembro é de ter descoberto que o coágulo na minha coxa tinha sido deslocado e que o sangue estava novamente a jorrar da ferida. Pressionei a mão na zona que sangrava e, passado algum tempo, o sangue parou e senti-me melhor.

Posso continuar?

Eu tentei. Era tudo um pesadelo: os meus ferimentos, a escuridão, a estrada. Os meus movimentos eram muito lentos; só a minha mente corria a grande velocidade.

Com o tempo, cheguei a um espaço aberto onde as casas tinham sido removidas para fazer uma faixa de incêndio. Através da luz fraca, conseguia ver à minha frente os contornos nebulosos do grande edifício de betão do Gabinete de Comunicações e, mais além, o hospital. O meu ânimo subiu porque sabia que agora alguém me encontraria; e se eu morresse, pelo menos o meu corpo seria encontrado.

Fiz uma pausa para descansar. Pouco a pouco, as coisas à minha volta tornaram-se mais nítidas. Havia as formas sombrias de pessoas, algumas das quais pareciam fantasmas ambulantes. Outras moviam-se como se estivessem a sofrer, como corvos assustados, com os braços afastados do corpo, com os antebraços e as mãos pendentes. Estas pessoas intrigaram-me até que, de repente, percebi que tinham sido queimadas e que mantinham os braços estendidos para evitar a fricção dolorosa das superfícies cruas que se esfregavam umas nas outras. Aparece uma mulher nua com um bebé nu ao colo. Desviei o olhar. Talvez tivessem estado no banho. Mas depois vi um homem nu, e ocorreu-me que, tal como eu, alguma coisa estranha os tinha privado das suas roupas. Uma mulher idosa estava deitada perto de mim, com uma expressão de sofrimento no rosto; mas não emitia qualquer som. De facto, uma coisa era comum a todos os que eu via: o silêncio total.

E quem podia, avançava na direção do hospital. Quando as minhas forças recuperaram um pouco, juntei-me ao desfile sombrio e cheguei finalmente às portas do Gabinete de Comunicações.

Ambiente familiar, caras conhecidas. O Sr. Iguchi, o Sr. Yoshihiro e o meu velho amigo, o Sr. Sera, chefe do gabinete comercial. Apressaram-se a dar-me a mão, mas as suas expressões de prazer transformaram-se em alarme quando disseram que eu estava ferido. Eu estava demasiado feliz por vê-los para partilhar a sua preocupação.

Não perdeu tempo com saudações. Colocaram-me numa maca e levaram-me para o edifício das Comunicações, ignorando os meus protestos de que conseguia andar. Mais tarde, fiquei a saber que o hospital estava tão cheio que o Gabinete de Comunicações teve de ser utilizado como hospital de urgência. As salas e os corredores estavam apinhados de pessoas, muitas das quais reconheci como meus vizinhos. Para mim, parecia que toda a comunidade estava ali.

Os meus amigos passaram-me através de uma janela aberta para uma sala de limpeza recentemente convertida num posto de primeiros socorros de emergência. A sala estava uma bagunça: reboco caído, móveis quebrados e detritos espalhados pelo chão; as paredes estavam rachadas; e um pesado batente de aço da janela estava torcido e quase arrancado do seu lugar. Que lugar para tratar as feridas dos feridos.

Para minha grande surpresa, quem é que apareceu, senão a minha enfermeira particular, a Sra. Kado, o Sr. Mizoguchi e a velha Sra. Saeki. A Sra. Kado começou a examinar as minhas feridas sem dizer uma palavra. Ninguém falou. Pedi-lhe uma camisa e um pijama. Trouxeram-mos, mas mesmo assim ninguém falou. Porque é que estavam todos tão calados?

Miss Kado terminou o exame e, num instante, senti o meu peito a arder. Tinha começado a pintar as minhas feridas com iodo e não havia súplica que a fizesse parar. Sem outra alternativa senão suportar o iodo, tentei distrair-me a olhar pela janela.

O hospital ficava mesmo em frente, com parte do telhado e a marquise do terceiro andar à vista, e quando olhei para cima, vi uma coisa que me fez esquecer as minhas feridas. O fumo saía pelas janelas da marquise. O hospital estava a arder!

"Fogo! Eu gritei .'Fogo! Fogo! O hospital está a arder!

Os meus amigos olharam para cima . Era verdade. O hospital estava a arder.

O alarme foi dado e, de todos os lados, as pessoas começaram a gritar. A voz aguda do Sr. Sera, o encarregado de negócios, elevou-se acima das outras, e parecia que era a primeira voz que eu ouvia naquele dia. A estranha quietude foi quebrada. O nosso pequeno mundo estava agora num pandemónio.

Lembro-me que o Dr. Sasada, chefe do Serviço de Pediatria, entrou e tentou tranquilizar-me, mas quase não o consegui ouvir por cima do barulho. . Ouvi a voz do Dr. Hinoi e depois a do Dr. Koyama. Ambos gritavam ordens para evacuar o hospital e com tal vigor que parecia que a força das suas vozes podia apressar os que demoravam a obedecer.

O céu tornou-se brilhante à medida que as chamas do hospital aumentavam. Em breve, o Bureau está ameaçado e o Sr. Sera dá ordem de evacuação. A minha maca foi levada para um jardim próximo e colocada debaixo de uma velha cerejeira. Outros doentes coxeavam para o jardim ou eram transportados, até que em breve toda a área ficou tão cheia que só os muito doentes tinham espaço para se deitarem. Ninguém falava, e o silêncio sinistro era aliviado apenas por um murmúrio suave entre tantas pessoas, inquietas, com dores, ansiosas e com medo, à espera que algo mais acontecesse.

O céu encheu-se de fumo negro e de faíscas incandescentes. As chamas subiram e o calor pôs em movimento as correntes de ar. As correntes de ar tornaram-se tão violentas que folhas de telhado de zinco foram atiradas para o ar e libertadas, zumbindo e rodando, num voo errático. Pedaços de madeira em chamas subiam e caíam como andorinhas ardentes. Enquanto eu tentava apagar as chamas, uma brasa quente queimou o meu tornozelo. Era tudo o que eu podia fazer para não me queimar vivo.

O Bureau começou a arder, e janela após janela, janela após janela, transformou-se num quadrado de chamas até que toda a estrutura se converteu num inferno crepitante e sibilante.

Ventos abrasadores uivavam à nossa volta, atirando-nos poeira e cinzas para os olhos e para o nariz. As nossas traças tornaram-se secas, as nossas gargantas estavam feridas e doridas por causa do fumo que se infiltrava nos nossos pulmões. A tosse era incontrolável. Teríamos recuado, mas um grupo de barracas de madeira atrás de nós incendiou-se e começou a arder como se fosse brasa.

O calor tornou-se finalmente demasiado intenso para ser suportado e não nos restou outra alternativa senão abandonar o jardim. Os que puderam fugir sobreviveram; os que não puderam pereceram. Se não fossem os meus amigos devotados, eu teria morrido, mas, mais uma vez, eles vieram em socorro e carregaram a minha maca até ao portão principal, do outro lado da Mesa.

Aqui, um pequeno grupo de pessoas já estava aglomerado, e aqui encontrei a minha mulher. O Dr. Sasada e a Sra. Kado juntaram-se a nós.

Os incêndios surgiam por todos os lados, enquanto os ventos violentos propagavam as chamas de um edifício para outro. Em breve estávamos cercados. O terreno que ocupámos em frente ao Gabinete de Comunicações tornou-se um oásis num deserto de fogo. À medida que as chamas se aproximavam, o calor tornava-se mais intenso e, se alguém do nosso grupo não tivesse tido a presença de espírito de nos regar com água de uma mangueira de incêndio, duvido que alguém tivesse sobrevivido.

Estava quente, mas comecei a tremer. O meu coração batia forte, as coisas começavam a rodopiar até que tudo se tornou turvo diante de mim.

Kurushii", murmurei baixinho. Estou farto".

O som das vozes chegou aos meus anos como se viesse de muito longe e finalmente tornou-se mais alto como se estivesse perto. Abri os olhos; o Dr. Sasada estava a sentir-me o pulso. O que é que aconteceu? A menina Kado deu-me uma injeção. As minhas forças voltaram gradualmente. Devo ter desmaiado.

Começam a cair enormes gotas de chuva. Alguns pensaram que estava a começar uma trovoada que iria apagar os incêndios. Mas estas gotas eram caprichosas. Caem uns quantos e depois mais uns quantos e é tudo o que se vê.

O primeiro andar do Bureau estava agora em chamas e as chamas propagavam-se rapidamente em direção ao nosso pequeno oásis junto ao portão. Naquele momento, mal conseguia compreender a situação, quanto mais fazer alguma coisa.

A moldura de uma janela de ferro, solta pelo fogo, caiu no chão atrás de nós. Uma bola de fogo passou por mim, incendiando as minhas roupas. Voltaram a encharcar-me de água. A partir daí, estou confuso quanto ao que aconteceu.

Lembro-me do Dr. Hinoi por causa da dor, a dor que senti quando ele me pôs de pé. Lembro-me de ter sido movido, ou melhor, arrastado, e de todo o meu espírito se ter revoltado contra o tormento que me tinha sido imposto.

A minha memória seguinte é de uma área aberta. Os fogos devem ter-se apagado. Eu estava vivo. Os meus amigos tinham conseguido salvar-me de novo.

Uma cabeça saiu de um abrigo antiaéreo, e ouvi a voz inconfundível da velha Sra. Saeki: "Anime-se, doutor! Vai correr tudo bem. O lado norte está queimado. Não temos mais nada a temer do fogo".

Eu podia ser o seu filho, pela forma como a velhota me acalmou e tranquilizou. E, de facto, ela tinha razão. Toda a zona norte da cidade está completamente queimada. O céu ainda está escuro, mas não sei dizer se é de noite ou de meio-dia. Pode até ser o dia seguinte. O tempo não tinha significado. O que eu tinha vivido poderia ter sido condensado num momento ou ter sido suportado através da monotonia da eternidade.

O fumo continuava a subir do segundo andar do hospital, mas o fogo tinha parado. Não havia mais nada para queimar, pensei; mas mais tarde soube que o primeiro andar do hospital tinha escapado à destruição, em grande parte graças aos esforços corajosos do Dr. Koyama e do Dr. Hinoi.

As ruas estavam desertas, exceto pelos mortos. Alguns pareciam ter morrido congelados em plena ação do voo; outros jaziam esparramados como se um gigante os tivesse atirado para a morte de uma grande altura.

Hiroshima já não era uma cidade, mas uma pradaria queimada. A leste e a oeste, tudo estava arrasado. As montanhas distantes pareciam mais próximas do que me lembrava. As colinas de Ushtia e os bosques de Nigitsu surgiam da neblina e do fumo como o nariz e os olhos de um rosto. Como Hiroshima era pequena, sem as suas casas.

O vento mudou e o céu escureceu de novo com o fumo.

De repente, ouvi alguém gritar: "Aviões! Aviões inimigos!

Será isso possível depois do que já aconteceu? O que é que faltava bombardear? Os meus pensamentos foram interrompidos pelo som de um nome familiar.

Uma enfermeira a chamar o Dr. Katsube.

É o Dr. Katsube! É ele!", gritou a velha Sra. Saeki, com um tom feliz na sua voz. O Dr. Katsube chegou!

Era o Dr. Katsube, o nosso cirurgião-chefe, mas parecia não se aperceber de nós enquanto passava apressadamente, seguindo em linha reta para o hospital. Os aviões inimigos foram esquecidos, tão grande era a nossa felicidade por o Dr. Katsube ter sido poupado para voltar para nós.

Antes que eu pudesse protestar, os meus amigos estavam a levar-me para o hospital. A distância era de apenas cem metros, mas foi o suficiente para fazer o meu coração disparar e deixar-me doente e desmaiado.

Lembro-me da mesa dura e da dor quando me suturaram a cara e o lábio, mas não me lembro das outras quarenta ou mais feridas que o Dr. Katsube fechou antes da noite.

Levaram-me para um quarto contíguo, e lembro-me de me sentir relaxado e sonolento. O sol tinha-se posto, deixando um céu vermelho escuro. As chamas vermelhas da cidade em chamas tinham queimado os céus. Fiquei a olhar para o céu até que o sono me apanhou.

Referência-Capítulo III

[1]: (Extraído do Diário de Hiroshima: o diário de um médico japonês; 6 de agosto a 30 de setembro de 1945)

Por Michihiko Hachiya, M.D.

Traduzido e editado por Warner Wells, M.D.

Capítulo 4: NUKES SANS NATIONS:

De um ponto de vista pomposo, há justiça no mundo em que os fracos se tornam mais fortes, e os fortes não têm outra opção senão acomodar-se ao ganho. Na prática, porém, os pobres, os pobres, por uma série de razões, são mais susceptíveis de utilizar as suas armas nucleares do que as grandes potências, pelo menos desde que os Estados Unidos aterrorizaram o Japão. No extremo, existe a possibilidade, inteiramente real, de uma ou duas armas nucleares passarem para as mãos dos novos guerrilheiros sem Estado, os jihadistas, que não oferecem nenhum dos alvos de retaliação que até agora sustentaram a paz nuclear - nenhuma infraestrutura permanente para proteger, nenhuma capital e, na verdade, nenhum país chamado casa. O perigo surgiu pela primeira vez no caos da Rússia pós-soviética, na década de 1990, e tomou forma plena após os ataques de 11 de setembro de 2001. A subsequente manipulação do medo pelo governo americano é deplorável e trágica: é muito melhor aceitar o risco com sobriedade e examiná-lo realisticamente do que andar por aí a fazer guerras cegas, a limitar as liberdades e o comércio e, de um modo geral, a autodestruir-se antecipadamente. No entanto, o facto é que, com tão pouco a perder com uma retaliação nuclear, e necessitando de actos cada vez mais dramáticos na sua guerra contra o Ocidente, estes jihadistas são pessoas que não hesitariam em detonar um engenho nuclear.

É claro que também podem levar a cabo a sua guerra de outras formas espectaculares, incluindo bombardeamentos em pequena escala, ataques com gás venenoso em espaços públicos fechados e ataques biológicos mais difíceis. Dentro do domínio nominalmente nuclear, podem optar por desencadear "bombas sujas", que usariam explosivos convencionais não para induzir uma reação de fissão, mas para espalhar materiais radioactivos comuns e detectáveis por alguns quarteirões da cidade, causando histeria pública - ainda mais em sociedades onde até o fumo do tabaco ao ar livre é considerado uma ameaça. As bombas sujas seriam meras bombas incómodas se as pessoas mantivessem a calma. Mas é claro que as pessoas não o farão. A eficácia potencial de um dispositivo deste tipo foi fortemente assinalada pelo clamor acerca da poeira perigosa em torno do local do World Trade Centre e foi reforçada mais recentemente pela nova reação indignada a uma tentativa de uma agência dos EUA de aumentar o limiar aceitável de radiação para voltar a habitar uma área após um ataque de bomba suja. A indignação deve ter sido notada pelas pessoas que contam. Além disso, devem saber que, mesmo só nos Estados Unidos, existem grandes quantidades de materiais não cindíveis mas altamente radioactivos contidos em máquinas, principalmente em hospitais e em instalações industriais, e que essas máquinas, por serem caras, são por vezes roubadas para serem revendidas. De facto, só nos Estados Unidos há centenas de roubos de material radioativo todos os anos. Quanto à razão pela qual ainda não foi montada e utilizada nenhuma bomba suja, os analistas dão explicações sérias, mas sobretudo para não levantarem as mãos de espanto.

Em qualquer caso, uma verdadeira bomba atómica - um dispositivo de fissão como o que destruiu Hiroshima - é uma arma completamente diferente, muito mais difícil de obter ou construir, mas extremamente mais eficaz se for utilizada. Para além da devastação imediata que seria causada pela explosão, as reacções em curso aos ataques de 11 de setembro oferecem a mais pequena indicação da enorme auto-devoração que ocorreria subsequentemente. Hoje em dia, nas capitais ocidentais, há pessoas caladas, pessoas sérias, que, embora reconheçam a baixa probabilidade de um ataque desse tipo, não deixam de se preocupar com o facto de a utilização bem sucedida de uma única bomba atómica poder pôr a ordem estabelecida de joelhos - ou deitá-la abaixo.

Se fosse um terrorista com intenção de efetuar um ataque nuclear, não poderia contar com a aquisição de um engenho existente. Estes são mantidos como activos nacionais críticos em instalações fortificadas guardadas por tropas de elite e seriam extremamente difíceis de obter ou de comprar. Alguns relatórios sugerem o contrário, em particular devido a rumores sobre a penetração do crime organizado nas forças nucleares russas e sobre as bombas portáteis, ou "malas-bomba", que se diz terem sido construídas para o KGB no final da década de 1970 e na década de 1980, e depois perdidas no mercado negro global após o desmembramento da União Soviética alguns anos mais tarde. No entanto, a existência de malas-bomba nunca foi provada e nunca houve um único caso verificado, em lado nenhum, de roubo de qualquer tipo de arma nuclear. É possível que tenha havido roubos, nomeadamente durante o caos de meados dos anos 90, mas as armas nucleares requerem uma manutenção regular e qualquer uma delas que ainda hoje se encontre no mercado terá provavelmente ficado sem valor. Por outro lado, uma vez que estas limitações temporais são bem conhecidas, a ausência de um ataque nuclear terrorista até à data sugere que nada de útil foi roubado. De qualquer modo, mesmo que o vendedor pudesse fornecer um dispositivo funcional, as armas nucleares na Rússia e noutros Estados avançados estão protegidas por fechaduras electrónicas que anulariam praticamente qualquer tentativa de desencadear uma explosão. É claro que pode olhar para países onde existem salvaguardas menos rigorosas, mas nenhum governo gere o seu arsenal nuclear de forma negligente ou se atreveria a criar a impressão de que está a usar substitutos para travar as suas guerras nucleares. Mesmo os chefes militares do Paquistão, que têm demonstrado repetidamente a sua vontade de vender tecnologia de armas nucleares ao estrangeiro, hesitariam em deixar escapar uma bomba construída - quanto mais não seja pela certeza de que, após a explosão, o rasto seria reconstituído e eles seriam responsabilizados. É quase certo que as mesmas preocupações condicionarão agora o Irão.

Se fosse um terrorista, tudo isto poderia dar-lhe uma pausa para se orientar. Teria de distinguir entre as suas próprias necessidades como combatente sem Estado e as dos proliferadores governamentais convencionais. Mesmo os Estados com armas nucleares mais jovens - como o Paquistão ou a Coreia do Norte - têm pouca utilidade para apenas uma ou duas bombas. Para assumirem uma postura convincente de contra-ataque e dissuasão, ou simplesmente para exibirem a sua força nuclear, precisam de um arsenal significativo que possa ser renovado, melhorado e aumentado ao longo do tempo. Isto, por sua vez, exige que construam instalações industriais em grande escala para produzir combustível para ogivas, que não pode ser comprado em quantidade suficiente no mercado negro internacional para sustentar uma linha de produção de armas nucleares. O fabrico de combustível de alta qualidade continua a ser a parte mais difícil e mais importante de qualquer programa nuclear. É algo que um grupo sem Estado simplesmente não pode fazer.

Mas isso não é necessariamente um problema. De facto. Desistir do fabrico de combustível iria, em grande medida, retirar-lhe o alcance do TNP e de outros esforços de não proliferação, que se concentram em interromper a disseminação de armas nessa fase. Além disso, já existe atualmente no mundo um excesso de material físsil pronto a ser utilizado em armas, do qual você precisa apenas de uma pequena quantidade. Tenha em mente que, ao contrário dos governos com território a proteger, você pode atacar com quase impunidade e atingir os seus objectivos com apenas uma ou duas bombas de garagem. De certeza que consegue encontrar uma forma de comprar ou roubar o combustível necessário.

Seria útil, nesta fase inicial, considerar exatamente que tipo de combustível procurar. Para as bombas de fissão normais, existem apenas duas opções: o plutónio ou o urânio altamente enriquecido. O plutónio é um elemento produzido pelo homem em reactores de urânio, dos quais emerge inicialmente misturado com outros resíduos radioactivos, mas é separável através de processos químicos. Existem várias formas de plutónio, incluindo uma destinada às bombas. Os exércitos preferem o plutónio porque é altamente fissionável e pode ser transformado em metal crítico em pequenas quantidades, prestando-se assim à miniaturização das armas. A miniaturização tem atractivos óbvios, mas exige um nível de sofisticação de engenharia, relacionado sobretudo com a eficiência das reacções nucleares em cadeia, que está para além das capacidades de uma pequena equipa terrorista. E a miniaturização não é assim tão importante para os objectivos em causa. Pode atingir Nova Iorque ou Londres suficientemente bem com um engenho do tamanho de um carro, fechado num contentor marítimo ou carregado num avião privado com um par de pilotos dedicados. Além disso, ignorando a questão do tamanho, o plutónio tem alguns aspectos negativos para uma operação como a sua. Por razões técnicas, não é adequado para ser utilizado numa bomba básica do tipo canhão e exige, em vez disso, a simetria explosiva de um dispositivo de implosão do tipo Nagasaki. A construção de um dispositivo de implosão introduziria complexidades que seria melhor evitar, especialmente sem um local e tempo para testar o projeto. E o plutónio é difícil de manusear --- suficientemente radioativo para necessitar de blindagem, difícil de transportar sem fazer disparar os detectores de radiação e extremamente perigoso, mesmo em quantidades mínimas, se for respirado, engolido ou absorvido pelo corpo através de um corte ou ferida aberta. Muitas pessoas neste mundo morreriam de bom grado pela oportunidade de bombardear os Estados Unidos, mas dentro do grupo limitado de técnicos que poderiam juntar-se ao seu esforço, seria impraticável esperar tanto. O plutónio pode funcionar como o poluente espalhado por uma bomba suja, mas para os propósitos de um simples dispositivo de fissão, o plutónio está fora de questão.

A alternativa é o urânio altamente enriquecido, ou HEU, que contém mais de 90 por cento do isótopo fissionável, U-235. Operacionalmente, é um material maravilhoso - o combustível perfeito para uma bomba feita na garagem. Durante o processamento, assume a forma de um gás invisível, de um líquido, de um pó e, finalmente, de um metal cinzento baço que é frio e seco ao toque. Tem aproximadamente a toxicidade do chumbo e adoeceria os trabalhadores das oficinas que engolissem vestígios dele ou respirassem o seu pó, mas, fora isso, não é imediatamente perigoso e, na verdade, é tão pouco radioativo que pode ser apanhado com as mãos nuas, transportado numa mochila e, quando, ligeiramente protegido, passar pela maioria dos monitores de radiação sem disparar alarmes. Em pequenas massas, o HEU é tão benigno que pode dormir com ele debaixo da almofada, se assim o desejar. No entanto, não pode simplesmente empilhá-lo. A razão é que os átomos de U-235 se separam ocasional e espontaneamente e, ao fazê-lo, disparam neutrões que, numa massa suficiente de material, podem separar outros átomos em número suficiente para provocar uma reação em cadeia. Uma tal reação não equivaleria a uma explosão nuclear de tipo militar, mas poderia certamente libertar energia suficiente para arrasar alguns quarteirões.[1]

Na extremidade inferior do HEU, que se considera ter um enriquecimento de 20 por cento, teria de ser combinada quase uma tonelada para que uma reserva pudesse entrar em combustão espontânea. Na extremidade superior, que é o enriquecimento de grau de armamento de 90 por cento ou mais, menos de cem libras poderiam fazer o truque.

Se um terrorista conseguisse adquirir dois tijolos de HEU para armas, cada um pesando 1,5 kg, a que distância teria de os manter? Um metro seria suficiente.

Desde a dissolução da União Soviética, a Agência Internacional da Energia Atómica (AIEA) comunicou dezassete casos oficialmente declarados de tráfico de plutónio ou HEU, geralmente de fabrico russo. Trata-se, sem dúvida, de uma subcontagem, embora talvez por um fator inferior ao que é habitualmente referido. A atividade foi mais intensa no início e em meados da década de 1990, altura em que parecia dirigir-se a uma rede de traficantes de armas meio imaginária na Europa Central e Ocidental. Os incidentes registados diminuíram durante alguns anos, mas recomeçaram em 1998 e têm continuado de forma intermitente desde então. Ao mesmo tempo, parece ter havido uma mudança nas rotas de contrabando, afastando-se da Europa Ocidental e atravessando o sul do Cáucaso em direção à Turquia. A Turquia é o grande bazar do mundo e, dada a sua posição geográfica sobranceira ao Médio Oriente, não é de surpreender que nos últimos anos as pessoas se tenham deslocado a este país para vender os seus produtos nucleares.

Acontece que o mundo é rico em HEU fresco, seguro e de fácil utilização - uma acumulação global (fora das 30 mil ogivas nucleares colectivas do mundo) que está dispersa por centenas de locais e posteriormente separada em pacotes bem transportáveis e necessariamente subcríticos. O HEU combinado ascende a mais de mil toneladas métricas. Mil toneladas métricas são 2.205.623 libras. Isto representa uma grande quantidade de material cindível espalhado por aí, quando apenas são necessários cem quilos. A questão prática é como apanhar algum. Embora quase todo o HEU esteja de alguma forma guardado, pode, no entanto, ser adquirido em muitos países, e provavelmente em nenhum outro melhor do que na Rússia. O governo dos EUA reagiu rapidamente a uma perceção de caos e oportunidade nos assuntos nucleares pós-soviéticos e, em 1993, lançou um ambicioso complexo de programas de "cooperação" com todos os antigos Estados soviéticos para diminuir a possibilidade de as armas nucleares irem parar às mãos erradas.[1] Os programas transformaram-se na maior parte da ajuda americana à Rússia, ascendendo até agora a vários milhares de milhões de dólares. Há aqui o cheiro não identificado de um esquema de proteção - os contribuintes americanos pagam aos russos para não os assustar, mas, pelos padrões perdulários da despesa governamental, o dinheiro tem sido bem utilizado. Estas tarefas já estão quase concluídas nos países periféricos - um sucesso diretamente relacionado com o abandono das armas nucleares. Mas é claro que o centro do esforço está na Rússia, onde, exatamente pela razão oposta, ainda há muito trabalho a fazer.

Referência: Capítulo IV:

[1] William Langewiesche : " The Atomic Bazaar" Publicado por Penguin Group , Londres , Inglaterra (2007)

Capítulo 5: FISSÃO NUCLEAR:

Tinian é uma ilha longa e fina, com cerca de 19 km por 3, situada no extremo sul do grupo das Marianas, a cerca de 2300 km de Tóquio. Foi capturada aos japoneses pelos americanos em 1 de agosto de 1944 e rapidamente transformada na maior base aérea do mundo, com seis pistas de 2 milhas de comprimento. A ilha reverberou com o impacto de centenas de superfortes B-29, que efectuaram bombardeamentos convencionais de rotina e ataques incendiários a cidades japonesas, mas uma missão muito especial foi lançada a 6 de agosto de 1945.[1]

Às 02:45 horas, hora local, descolou da base um B-29 recentemente modificado e fortemente carregado, pilotado pelo Coronel Paul Tibbetts, comandante do 509th Composite Group. Ele tinha batizado o avião de Enola Gay, o nome da sua mãe, e as palavras foram pintadas na fuselagem. Exatamente 7 horas, 30 minutos e 30 segundos depois, o avião lançou a primeira bomba atómica de sempre, de uma altura de 9.631 m, sobre a cidade de Hiroshima. A bomba tinha o nome de código "Little Boy". Consistia num cano de arma modificado, selado em ambas as extremidades e contido num invólucro exterior cilíndrico. Com barbatanas para lhe dar estabilidade quando lançada, tinha cerca de 3 m de comprimento e 0,75 m de diâmetro. Pesava apenas cerca de 4.100 kg, mas tinha a mesma potência que 12.700 toneladas de TNT, de modo que ofuscava completamente qualquer explosão anterior.

As bombas convencionais eram geralmente fundidas para explodir quando atingiam o solo, de modo que grande parte do seu efeito de explosão era dirigido para cima, para o ar, o que limitava os danos que podiam causar. Em contraste, a bomba atómica foi detonada a uma altura de 580 m, de modo que a sua explosão particularmente poderosa, grande parte dela dirigida para baixo, poderia causar danos numa grande área do solo abaixo. A explosão destruiu 60% da cidade e arrasou uma área de 9 km2 de edifícios, muitos dos quais tinham sido especialmente construídos para resistir aos efeitos dos terramotos. Na altura em que a bomba explodiu, o Coronel Tibbetts teve cerca de 45 segundos para tomar medidas evasivas e o seu avião estava a mais de 16 km de distância, mas ele e a sua tripulação ainda sentiam os efeitos do calor. Mas o efeito da explosão não foi o único, nem o pior, aspeto da bomba. Houve um tremendo clarão de luz e calor quando a bomba explodiu e calculou-se mais tarde que a temperatura no ponto de explosão atingiu quase 3.000° C . As pessoas que se encontravam imediatamente abaixo da bomba foram reduzidas a pequenos montes de cinzas negras; muitas das pessoas que se encontravam ao ar livre, a cerca de 3,5 quilómetros de distância, ficaram gravemente queimadas; postes telegráficos situados à mesma distância foram carbonizados ou incendiados; a superfície do granito, a 600 metros de distância, foi parcialmente derretida; e grande parte da cidade ficou em chamas durante dias.

Aqueles que não morreram queimados ou explodiram, pensaram que tinham sobrevivido, mas muitos deles, em pouco tempo, começaram a aperceber-se de que não se sentiam nada bem e, lentamente, começou a perceber-se que estavam a sofrer de doença da radiação causada pela exposição a uma overdose de radiação gama proveniente da explosão da bomba. O efeito principal e imediato era perturbar a regeneração das células sanguíneas do corpo, o que provocava hemorragias, infecções ou anemia. Alguns, sortudos, morreram rapidamente. Outros, por sua vez, continuaram a sofrer de sintomas insidiosos e incuráveis durante muitos anos, antes de chegar a sua vez.

Devido às mortes que continuam a ocorrer, é difícil quantificar com exatidão a calamidade. Havia cerca de 350.000 pessoas em Hiroshima no momento em que a bomba explodiu. Pouco depois, as autoridades japonesas calcularam que 71 000 tinham morrido e 68 000 tinham ficado feridas, mas, com o passar dos anos, o número de mortos foi crescendo sem tréguas até se pensar que mais de 50% das pessoas que se encontravam no local a 6 de agosto tinham morrido.

Como os japoneses não se renderam, um segundo avião, batizado Bock's Car em homenagem ao nome do seu piloto habitual, mas pilotado nesta missão pelo Major Charles W. Sweeney, descolou a 9 de agosto com a intenção de lançar uma segunda bomba sobre Kokura. No entanto, esta cidade estava coberta de nuvens, pelo que, após três tentativas frustradas de encontrar o alvo, o Major Sweeney voou para o seu alvo secundário que era Nagasaki. A visibilidade ainda não era muito boa quando lá chegou mas, no último momento, e quando começava a ficar sem combustível, abriu-se um buraco nas nuvens e a bomba foi lançada. Eram 1102 horas. Esta bomba, com o nome de código "Fat Man", era de um tipo diferente da "Little Boy". Tinha a forma de um ovo, cerca de 3,5 m de comprimento com um diâmetro máximo de 1,5 m e pesava cerca de 4.536 kg. A "Fat Man", equivalente a 22 350 toneladas de TNT, era mais potente do que a "Little Boy", mas causou menos danos porque foi lançada ligeiramente fora do alvo e porque o terreno de Nagasaki era montanhoso. No entanto, 45% da cidade foi destruída e pensou-se que o número final de mortos seria superior a 50%, tal como em Hiroshima.

Os japoneses propuseram a sua rendição em agosto, sem saberem que não existiam outras bombas atómicas disponíveis para utilização imediata.

Tanto a "Little Boy" como a "Fat Man" funcionavam segundo o mesmo princípio básico. Um átomo de um elemento dentro das bombas era dividido ao ser bombardeado com um neutrão. Isto libertava uma pequena quantidade de energia mas, ao mesmo tempo, produzia mais neutrões. Estes neutrões, ditos secundários, eram então capazes de dividir mais átomos, de modo a criar uma reação em cadeia e, à medida que isto acontecia, libertavam-se muito rapidamente grandes quantidades de energia. Havia, no entanto, uma diferença importante entre as duas bombas: a "Little Boy" continha urânio-235, enquanto a "Fat Man" continha plutónio. Estes dois elementos foram obtidos a partir do urânio natural, um metal branco-prateado muito denso, encontrado em 1789 por um químico alemão, Martin Heinrich Klaproth, num minério chamado pitchblende. Deu-lhe o nome do planeta Urano, que tinha sido descoberto oito anos antes.

Durante muitos anos, o urânio, tal como outros elementos, foi considerado como sendo constituído por um tipo particular de átomo, que, de acordo com a teoria atómica proposta por John Dalton em 1808, era indivisível e indestrutível. Mas, em 1919, F. W. Aston demonstrou que, na realidade, era constituído por três tipos de átomos, denominados isótopos. Os três isótopos são quimicamente semelhantes, mas diferem na massa dos seus átomos. Os isótopos são designados por urânio-238, urânio-235 e urânio-234 e são simbolizados por ^{238}U , ^{235}U e ^{234}U. A massa do ^{238}U é 238 vezes superior à de um único átomo de hidrogénio e assim sucessivamente. O urânio natural contém 140 átomos de ^{238}U por cada 1 átomo de ^{235}U, e vestígios mínimos de ^{234}U.

O ^{235}U utilizado em "Little Boy" teve de ser extraído do urânio natural, e o plutónio de "Fat Man" teve de ser fabricado a partir do ^{238}U, uma vez que este não existe naturalmente. Havia, portanto, problemas formidáveis na obtenção das matérias-primas a partir das quais se fabricavam as bombas, para além das dificuldades de as conceber com êxito. Toda a história é um feito técnico notável.[1]

Foi a descoberta da radioatividade que deu origem aos primeiros indícios vagos de que um dia seria possível libertar grandes quantidades de energia dos átomos. Em 1896, Henri Becquerel investigava vários fosforescentes quando descobriu que os compostos de urânio emitiam uma radiação penetrante capaz de atravessar o invólucro supostamente impermeável de uma chapa fotográfica. Nos dias 16 e 17 de fevereiro, polvilhou sulfato de uranilo e potássio sobre o invólucro de papel preto de uma chapa fotográfica plana e fechada e colocou-a numa gaveta fechada e escura. Ao abrir e revelar a chapa, passados dois ou três dias, encontrou, para sua surpresa, uma imagem nítida que mostrava uma silhueta do pó na chapa. Era espantoso, como se um raio de sol tivesse subitamente atravessado umas cortinas muito pesadas.

Em 1900, verificou-se que todos os elementos naturais com os átomos mais pesados - plutónio, rádon, actínio, protactínio e rádio - eram radioactivos, tal como o urânio, e Ernest Rutherford e Fredrick Soddy, a trabalhar na Universidade Mc Gill, no Canadá, descobriram que os seus átomos se dividiam espontaneamente, emitindo três tipos diferentes de radiação penetrante, designados por raios α, β e γ.

Estava muito longe da velha ideia de átomos, que um miúdo da escola descreveu como "berlindes muito pequenos e duros inventados pelo Dr. Dalton" e que, nos primeiros tempos, até Rutherford considerava como "uns bonitos e duros companheiros". Um cientista contemporâneo disse-o em rima:

Assim, os átomos, por sua vez, são agora claramente discernidos,

Voe para bits com a maior facilidade:

Seguem o seu caminho e, ao separarem-se, mostram

Uma falta absoluta de estabilidade.[1]

O impacto mais imediato do recém-descoberto fenómeno da radioatividade foi a utilização do rádio na medicina, uma vez que os raios que emitia eram muito úteis no tratamento do cancro, através do que veio a ser conhecido como radioterapia. Mas Rutherford e Soddy também se aperceberam que os materiais radioactivos constituíam uma nova fonte potencial de energia, uma vez que emitiam quantidades consideráveis de energia à medida que os seus átomos se desintegravam. No entanto, não era fácil perceber como é que a energia podia ser utilizada na prática, uma vez que era libertada muito lentamente.

Soddy[1] chamou a atenção para as possibilidades pacíficas numa palestra sobre "A Energia Interna dos Elementos", em 1906, quando afirmou que "com o dispêndio de cerca de uma tonelada anual de urânio, que custa menos de 1000 libras esterlinas, obter-se-ia mais energia do que a fornecida por todas as estações de abastecimento elétrico de Londres juntas". Rutherford expressou um ponto de vista muito mais alarmante quando escreveu em 1903 que "se fosse encontrado um detonador adequado, era apenas concebível que uma onda de desintegração atómica pudesse ser desencadeada através da matéria, o que faria de facto com que este velho mundo desaparecesse em fumo".[1] Estas ideias foram dramatizadas por H.G. Wells no seu livro "The World Set Free", publicado pouco antes do início da Primeira Guerra Mundial. Wells retratou de forma vívida um conflito internacional, que teve lugar em 1956, com as principais cidades do mundo a serem destruídas por bombas atómicas. Tratava-se de ficção científica em grande escala em 1914, mas tornou-se uma espécie de realidade em 1944, cerca de doze anos antes da profecia de Wells.

A chave para a libertação da energia atómica foi a descoberta do neutrão por James Chadwick, em 1932. Enquanto trabalhava no Laboratório Cavendish, em Cambridge, sob a direção de Rutherford, observou resultados muito estranhos quando bombardeou berílio com raios α do rádio e anunciou, numa carta à Nature, datada de 17 de fevereiro de 1932, que só podia explicar os resultados partindo do princípio de que se estavam a formar partículas até então desconhecidas, com uma massa semelhante à do átomo de hidrogénio. Chamou-lhes neutrões porque não tinham carga eléctrica.

A sua descoberta, que de facto já tinha sido prevista por Rutherford em 1920, durante o seu importantíssimo trabalho de elucidação da estrutura dos átomos, proporcionou uma fonte de partículas particularmente penetrantes para sondar o interior dos átomos, e um cientista italiano, Enrico Fermi, empreendeu esta tarefa. Nasceu em Roma, a 29 de setembro de 1901, filho de um alto funcionário público. Era um rapaz muito inteligente, com um grande interesse pela Física e, quando terminou o *liceu*, um ano antes do que era normal, já tinha lido todos os livros mais conhecidos de Física e tinha dito que queria dedicar-se inteiramente a esta disciplina. Prosseguiu os seus estudos na Universidade de Pisa e realizou trabalhos originais no domínio da relatividade enquanto ainda era estudante, antes de trabalhar em Gottingen e Leiden. Aos vinte e cinco anos, foi escolhido, através de um concurso nacional, para ocupar o recém-criado cargo de Professor de Física Teórica na Universidade de Roma e, como não havia uma tradição muito forte de investigação em física em Itália, teve liberdade para seguir as suas próprias inclinações. Optou por investigar o efeito do bombardeamento de diferentes elementos com neutrões e reuniu à sua volta uma forte equipa de colegas - Amaldi, D' Agostino, Rasetti, Segre e Pontecorvo - a quem chamava "os seus rapazes". Chamavam-lhe "o Papa". E que dia de campo tiveram, publicando artigos ao ritmo de uma vez por semana até ao final de 1938, ano em que Fermi recebeu o Prémio Nobel pelo seu trabalho.

A equipa descobriu que os resultados do bombardeamento de átomos com neutrões dependiam da velocidade dos neutrões e do tamanho dos átomos. Por vezes, os neutrões simplesmente faziam ricochete de um átomo para outro, como se fossem bolas de bilhar que se chocassem contra um conglomerado de pesadas bolas de canhão. Por vezes, os neutrões lascavam pequenas partículas dos átomos que bombardeavam, convertendo-os em átomos ligeiramente mais pequenos de um elemento diferente. Por vezes, os átomos bombardeados capturavam neutrões e eram convertidos em átomos maiores. Devido à existência de tantas possibilidades, não era fácil interpretar todos os resultados experimentais e os obtidos através do bombardeamento de urânio com neutrões eram particularmente desconcertantes. Fermi estava convencido de que pelo menos alguns dos átomos de urânio estavam a capturar neutrões e a ser convertidos em átomos maiores e, como o átomo de urânio era o maior átomo conhecido, isto significava que deviam estar a ser formados átomos de um novo elemento. Em junho de 1934, comunicou a possível criação desses novos elementos e a sua conclusão, anunciada publicamente na presença do Rei de Itália e bem publicitada na imprensa mundial, foi amplamente, se não universalmente, aceite.

No entanto, muitas discrepâncias ficaram por explicar e o assunto só foi finalmente resolvido no final de 1938, quando dois alemães, Otto Hahn e Fritz Strassman, e dois austríacos, Lise Meitner e o seu sobrinho Otto Frisch, que tinham estado a fazer um trabalho semelhante ao de Fermi, sugeriram que os neutrões estavam a dividir pelo menos alguns dos átomos de urânio em dois para formar novos átomos com cerca de metade do tamanho. Hahn descreveu as suas observações experimentais como "contradizendo todos os resultados anteriores da física nuclear", e Frisch, que tomou emprestada a palavra "fissão" dos biólogos para descrever a divisão dos átomos de urânio, ficou tão entusiasmado que escreveu à sua mãe dizendo: "Sinto-me como se tivesse apanhado um elefante pela cauda, sem querer, enquanto caminhava pela selva. E agora não sei o que fazer com ele". [1] Mais importante ainda, Frisch apercebeu-se de que a fissão de um átomo de urânio libertaria energia e foi capaz de calcular e medir a quantidade de energia envolvida.

A notícia da cisão do urânio e da libertação de energia envolvida espalhou-se pelo mundo como um incêndio no início de 1939, e toda a excitação que gerou foi intensificada por outra descoberta no início da primavera. Em 10 de fevereiro, Hahn e Stassman sugeriram que um dos "efeitos secundários" da fissão do urânio por um neutrão poderia ser a libertação de mais neutrões, o que foi confirmado por outros cientistas pouco depois. Os neutrões extra que se formaram foram designados por neutrões secundários.

Este foi um grande avanço porque se tornou evidente que, se a cisão de um átomo de urânio produzisse, digamos, três neutrões secundários, então cada neutrão poderia ser capaz de dividir mais três átomos, produzindo assim mais nove neutrões secundários, e assim por diante. Uma reação em cadeia poderia ser possível, de modo que um só neutrão poderia levar à cisão de milhões de átomos de urânio. A libertação de energia acumular-se-ia em progressão geométrica -1 a 3 a 9 a 27, a 81, a 243, a 729, a 2187, a 6561 a 19 683 e assim por diante.

A utilização prática da energia atómica estava agora à vista. Se a energia pudesse ser libertada lentamente, de forma controlada, seria possível obter uma fonte de energia completamente nova para fins pacíficos. Se fosse libertada rapidamente, poderia ser possível fabricar uma bomba.

O facto de tais coisas poderem ser possíveis foi uma grande surpresa para muitos cientistas. Nos últimos anos, Rutherford, Einstein e Bohr tinham todos deitado água fria sobre a ideia. Mas não foi surpresa para Leo Szilard, outro dos muitos europeus centrais que tanto contribuíram para todos os excitantes desenvolvimentos. Depois de uma educação precoce na Hungria, onde nasceu em 1898, continuou a sua formação na Universidade de Berlim e permaneceu na Alemanha até se sentir obrigado a partir, em 1933, devido ao antissemitismo do regime de Hitler. Depois de trabalhar em Inglaterra durante cinco anos, emigrou para os Estados Unidos em 1938. Já em 1934, começou a registar em Londres uma série de patentes relacionadas com "a libertação da energia nuclear para a produção de eletricidade e outros fins".

a possibilidade de uma reação em cadeia envolvendo neutrões, algum tempo antes de se tornar uma realidade.

Szilard era também um grande idealista com fortes visões políticas e planos algo utópicos para mudar, ou mesmo salvar, o mundo. Szilard tinha plena consciência das implicações das ideias contidas nas suas patentes, pelo que as atribuiu ao Almirantado Britânico para que pudessem ser mantidas em segredo, depois de o Departamento de Guerra as ter rejeitado inicialmente. Ficou desolado quando soube, em 1939, que a sua ideia se tinha tornado uma possibilidade real, porque pensou que isso significava que "o mundo estava a caminhar para o sofrimento".[1] Para tentar limitar os danos que previa, fez grandes esforços para assegurar que a informação detalhada sobre a reação em cadeia do urânio fosse mantida em segredo. Foi apoiado pelo seu colega húngaro, Edward Teller, mas a informação foi publicada por outros e os acontecimentos viram-se fortemente contra ele.

Em 16 de março de 1939, Hitler anexou a Checoslováquia e a iminência de uma guerra levou os cientistas de muitos países a concentrarem a sua atenção na construção de uma bomba atómica e a avisarem os seus governos das consequências. Estes esforços foram intensificados após o início da Segunda Guerra Mundial, a 3 de setembro.

Na Grã-Bretanha, G.P. Thomson, professor de Física no Imperial College de Londres, solicitou ao Almirantado uma tonelada de óxido de urânio para fazer experiências e avisou o governo britânico das perspectivas perigosas que se avizinhavam e da tentativa de encurralar as únicas reservas significativas de minérios de urânio que se encontravam nas mãos de uma empresa belga, a Union Miniere, que operava no Congo Belga (atual República Democrática do Congo). As autoridades da Alemanha, da Rússia e do Japão receberam avisos semelhantes. Nos Estados Unidos, Szilard pediu emprestados 225 kg de óxido de urânio para experiências que tinha planeado em colaboração com Fermi , que tinha emigrado de Itália em 1938 porque a sua mulher, Laura, era judia.

Szilard e Fermi receavam o resultado das suas actividades e pediram ao Professor Albert Einstein, o cientista mais conhecido e respeitado da época, que redigisse uma carta a Franklin Roosevelt, o Presidente dos

Estados Unidos, explicando os possíveis perigos. A carta foi datada de 2 de agosto de 1939, mas Alexander Sachs , um amigo do Presidente a quem a carta foi confiada para ser entregue, achou que Roosevelt estava demasiado ocupado para se preocupar com ela, até que finalmente lha levou em 11 de outubro , juntamente com um resumo da situação que ele próprio tinha preparado. O Presidente Roosevelt respondeu criando um Comité Consultivo chefiado pelo Dr. Lyman J. Briggs , Diretor do Bureau of Standards, e incluindo Szilard e Fermi , juntamente com representantes militares e navais , como membros. O Comité apresentou um relatório ao Presidente em 1 de novembro, recomendando "apoio adequado para uma investigação exaustiva", mas não havia grande sentido de urgência e alguns dos membros não científicos desprezavam toda a ideia. O homem do Exército disse que já havia um grande prémio para quem descobrisse um raio da morte e acrescentou que "não são as armas que ganham as guerras, mas o moral das tropas". Outros, felizmente, tiveram mais visão.

O estabelecimento de uma reação em cadeia no urânio era ainda apenas uma possibilidade teórica, e qualquer esperança de que fosse fácil de realizar na prática foi rapidamente frustrada quando se descobriu que os dois principais isótopos do urânio, ^{235}U e ^{238}U, reagiam de forma diferente a neutrões de diferentes velocidades devido à diferença das suas massas. Os neutrões lentos são muito eficazes na fissão dos átomos de ^{235}U, mas são simplesmente capturados pelos átomos de ^{238}U sem provocar qualquer fissão. Os neutrões mais rápidos também fissionam os átomos de ^{235}U, embora menos rapidamente do que os mais lentos, mas são, preferencialmente, capturados pelos átomos de ^{238}U, mais uma vez sem provocar fissão. De facto, são necessários neutrões muito rápidos para provocar a cisão dos átomos de^{238} U.

Se, então, um bloco de urânio natural for bombardeado por um feixe de neutrões, a cisão é provocada nos átomos de^{235} U, predominantemente pelos neutrões mais lentos, mas os mais rápidos são simplesmente capturados pelos átomos de^{238} U. É, portanto, quase impossível estabelecer uma reação em cadeia num bloco de urânio natural porque os neutrões secundários são rápidos, pelo que são incapazes de promover a cadeia, sendo capturados pelos átomos de^{238} U predominantes antes de terem qualquer hipótese de fissionar qualquer outro dos átomos de^{235} U pouco espalhados.

Inicialmente, havia duas formas possíveis de resolver o problema. Talvez se pudesse separar o^{235} U, que se fissiona facilmente, do^{238} U, ou tentar abrandar os neutrões secundários. Um pouco mais tarde, surgiu uma outra alternativa, pois descobriu-se que a captura de neutrões por átomos de^{238} U formava um átomo mais pesado de um elemento até então desconhecido, do tipo relatado por Fermi em 1934. Chamava-se plutónio e, tal como o^{235} U , era facilmente fissionado por neutrões de qualquer velocidade.

Frisch estudou na Universidade de Viena antes de ir trabalhar para a Alemanha entre 1927 e 1933. Depois, tal como Szilard e muitos outros, foi obrigado a partir e, após um curto período em Inglaterra, acabou por se estabelecer em Copenhaga para trabalhar com Niels Bohr. Em 1939, preocupado com a possibilidade de uma invasão alemã da Dinamarca, regressou a Inglaterra para trabalhar com um australiano, Mark

Oliphant, professor de Física na Universidade de Birmingham. Aí juntou forças com outro refugiado, Rudolf Peierls, um alemão rico que tinha nascido e estudado em Berlim e que tinha ido trabalhar para Cambridge em 1933. Antecipando a purga nazi, optou por permanecer em Inglaterra e naturalizou-se cidadão britânico em fevereiro de 1940.

Frisch tinha conseguido separar, até certo ponto, os átomos de ^{235}U dos átomos de ^{238}U do urânio natural e tinha-se apercebido de que, embora não fosse fácil, seria possível fazê-lo de forma mais completa. O que poderia então acontecer se um pedaço de ^{235}U razoavelmente puro fosse bombardeado com neutrões? Uma resposta possível a esta pergunta era claramente alarmante porque, como há sempre neutrões a flutuar na atmosfera que poderiam bombardear o ^{235}U, este poderia talvez explodir espontaneamente. Mas Peierls conseguiu calcular que só teria hipóteses de o fazer se a peça estivesse acima de uma determinada massa ou dimensão crítica.

Argumentou que tantos dos neutrões secundários produzidos num pequeno pedaço de ^{235}U escapariam da sua superfície antes de cindir outros átomos que não seria possível estabelecer uma reação em cadeia. Mas, num pedaço maior, acima do tamanho crítico, haveria mais hipóteses de os neutrões secundários provocarem fissão antes de escaparem da superfície, de modo a que se pudesse estabelecer uma reação em cadeia. Peierls conseguiu fazer um cálculo aproximado para descobrir que o tamanho crítico para o 235U seria algo como o de uma bola de golfe.

Estes resultados altamente significativos foram resumidos em dois relatórios que foram apresentados ao Professor Oliphant. Eram notavelmente prescientes, indicando que uma bomba feita com 5 kg de^{235}U causaria uma explosão semelhante à de vários milhares de toneladas de dinamite, e sugerindo que a bomba poderia ser construída de tal forma que dois pedaços de^{235}U, cada um abaixo do tamanho crítico e, portanto, seguro, poderiam ser empurrados juntos para fazer um pedaço acima do tamanho crítico, a fim de desencadear a bomba. Chamaram também a atenção para o facto de que haveria uma grande quantidade daquilo a que se veio a chamar precipitação radioactiva e que seria praticamente impossível uma proteção eficaz contra uma bomba deste tipo. "A bomba", escreveram, "provavelmente não poderia ser usada sem matar um grande número de civis, e isso pode torná-la inadequada como arma para ser usada por este país".[1] Por outro lado, reconheciam que a única resposta a uma eventual bomba atómica alemã seria o efeito dissuasor de uma arma semelhante. Estávamos no início de 1940, e a ideia do que os alemães poderiam estar a fazer não podia ser simplesmente ignorada.

Oliphant estava convencido de que "tudo isto devia ser levado muito a sério", o que foi feito por um pequeno comité criado em abril de 1940 sob a presidência de G.P. Thomson. Para tentar esconder as suas actividades, passou a chamar-se MAUD Committee, nome que teve uma origem bastante curiosa. Quando a Dinamarca foi invadida pelas forças alemãs, Niels Bohr enviou um telegrama a Frisch que terminava: "Diga a Maud Ray Kent". No início, todos ficaram perplexos com esta frase.

Acabou por se perceber que se referia a Maud Ray, que tinha sido governanta das crianças Bohr e que vivia em Kent. Mas era tão intrigante que MAUD foi sugerido como um bom nome para encobrir quaisquer actividades, embora alguns o considerassem como significando Aplicações Militares da Desintegração do Urânio.

Em 15 de julho de 1941, o Comité, embora inicialmente muito cético, tinha chegado à conclusão de que a construção de uma bomba atómica era possível e que teria "resultados decisivos na guerra". Previa que uma bomba contendo cerca de 12 kg de^{235} U teria o efeito devastador de cerca de 2 k toneladas de TNT e que o custo de construção de uma fábrica para separar o^{235} U e o^{238} U em quantidades suficientes para fabricar três bombas seria de cerca de 5 milhões de libras esterlinas e poderia estar em funcionamento no final de 1943. Apesar do enorme custo, o comité recomendou que os trabalhos prosseguissem com a máxima prioridade.

Winston Churchill, o Primeiro-Ministro britânico, aceitou as principais recomendações do Comité MAUD em 30 de agosto, escrevendo: "embora pessoalmente esteja bastante satisfeito com os explosivos existentes, sinto que não devemos impedir a sua melhoria e, por conseguinte, penso que devem ser tomadas medidas". A sua decisão foi encorajada por Lord Cherwell (anteriormente
Professor Lindermann), o seu principal conselheiro científico, que era fortemente favorável a que se avançasse, embora tenha estabelecido as probabilidades de sucesso em apenas dois para um contra ou mesmo dinheiro.

Foi criada uma nova divisão do Department of Scientific and Industrial

Research, conhecida como Directorate of Tube Alloys para ocultar as suas verdadeiras actividades. Foi dirigida por Sir Wallace Akers, que foi libertado pela Imperial Chemical Industries, e rapidamente tomou sob a sua alçada todos os que já trabalhavam neste domínio. A sorte britânica estava lançada.

Entretanto, os cientistas americanos estavam também a investigar a exploração da cisão nuclear. Alfred Nier separou o ^{235}U do ^{238}U em fevereiro de 1940, mas o principal esforço americano foi dirigido para a tentativa de estabelecer uma reação em cadeia no urânio natural, abrandando os neutrões secundários que eram produzidos. A ideia, concebida por Szilard e Fermi, consistia em utilizar blocos de grafite nos quais era incorporado um pequeno pedaço de urânio natural. Os blocos podiam então ser construídos numa estrutura em treliça, que veio a ser designada por pilha. A maior parte dos neutrões secundários rápidos emitidos pela cisão de qualquer^{238} átomo de urânio na pilha teria de atravessar a grafite antes de poder incidir sobre qualquer outro^{235} átomo de urânio, e o efeito da grafite sobre os neutrões é o de os abrandar; é conhecida como moderador. Numa pilha pequena, poderiam escapar neutrões suficientes da superfície antes de se poder dar início a uma reação em cadeia, mas à medida que a pilha fosse crescendo, atingiria uma dimensão crítica, tal como acontece com o^{235}U puro.

Mas porque os átomos de^{235}U estão muito pouco espalhados no urânio natural e porque muitos dos neutrões seriam ainda capturados pelos átomos de^{238}U, o tamanho crítico da pilha seria muito grande.

Depois de as experiências preliminares, destinadas a determinar as quantidades e tipos de material necessários e a melhor forma de os dispor, terem demonstrado que a ideia era exequível, Fermi começou a construir uma pilha num campo duplo de squash sob a bancada oeste do Stagg Field Stadium, na Universidade de Chicago. Foi designada por CP-1 (Chicago Pile number 1). A construção começou em maio de 1942. Uma camada inferior de blocos de grafite pura foi coberta com duas camadas de blocos de grafite pura e duas camadas de blocos contendo pedaços de urânio. Seguiu-se outra camada de grafite pura e duas camadas de grafite com urânio, e assim por diante. A estrutura estava apoiada numa estrutura de madeira e foram tomadas medidas para incorporar folhas móveis de cádmio para atuar como barras de controlo. O cádmio é particularmente bom absorvedor de neutrões, pelo que não havia qualquer possibilidade de se desenvolver uma reação em cadeia quando as placas de cádmio estavam dentro da pilha. A retirada das barras de controlo da pilha permitiria que os neutrões "entrassem em ação".

Por conseguinte, a pilha não funcionaria enquanto não ultrapassasse a dimensão crítica e enquanto as barras de controlo não fossem suficientemente retiradas. A pilha foi construída, camada a camada, sob a forma de um enorme balão deitado de lado. Atingiu a dimensão crítica na camada 57, quando tinha 7,6 m de comprimento e 6,1 m de diâmetro. Continha cerca de 360 toneladas de grafite, urânio e óxido de urânio, mas, com as barras de controlo totalmente inseridas, ficou adormecida.

Era o segundo dia de um dezembro frio e com neve quando foi trazido à vida. Depois de algumas verificações preliminares durante a manhã, o teste fatídico começou às 2 horas.

Fermi dirigia as operações a partir da varanda, originalmente destinada aos espectadores de um jogo de squash, mas que agora albergava o painel de instrumentos de controlo. Um assistente estava a postos com um balde cheio de solução concentrada de nitrato de cádmio para atirar para cima da pilha e absorver os neutrões se alguma coisa corresse mal. Pouco a pouco, a última vareta de controlo foi retirada até que Fermi, com os olhos postos no painel de controlo, anunciou que a pilha se tinha tornado crítica. Permitiu que funcionasse durante cerca de 4,5 minutos, mas apenas com uma potência capaz de acender uma pequena lâmpada de lanterna. A libertação controlada de energia nuclear tinha sido, pela primeira vez, conseguida, e mesmo no coração de Chicago.

Tinha sido tudo muito pouco espetacular. Nada parecia mover-se e uma testemunha ocular referiu-se a um "silêncio espantoso". Outro disse que tinha tido uma "sensação estranha". Mas o estado de espírito geral foi melhor resumido por aquele que disse que "tinha visto um milagre".[1] O fleumático Fermi sorriu e os que tiveram o privilégio de estar presentes beberam um pouco de Chianti em copos de papel. Mas não houve brinde e apenas uma alegria silenciosa. Szilard estava, de facto, nitidamente sombrio, dizendo que a ocasião iria "ficar como um dia negro na história da humanidade". [1]

No entanto, foi um feito notável. O CP-1 não tinha sido concebido para produzir grande potência. Não existiam dispositivos de arrefecimento nem uma grande proteção contra a radioatividade. Mas provou, sem margem para dúvidas, que uma reação nuclear em cadeia podia ser operada e Fermi afirmou que a potência de saída podia ser controlada "tão facilmente como conduzir um carro". Além disso, tinha aberto o caminho para a produção de plutónio, pois uma parte do ^{238}U da pilha tinha capturado muitos dos neutrões e transformado nesse novo elemento.

O relatório MAUD, que tinha persuadido Churchill a apoiar a continuação da extração, recomendava que a colaboração existente entre a Grã-Bretanha e os Estados Unidos fosse prosseguida e reforçada. Houve mesmo sugestões, durante o verão de 1941, de que todos os trabalhos sobre a fissão nuclear deveriam ser abandonados e Szilard já se tinha tornado muito impaciente, afirmando que o projeto nunca seria concluído se cada passo exigisse dez meses de deliberação. O que era necessário era menos discussão e mais decisão. No caso, foi apenas uma vigorosa pressão dos cientistas que trabalhavam na Grã-Bretanha, em particular do australiano Oliphant, que voou para os Estados Unidos no final de agosto e passou por cima de Briggs - "este homem inarticulado e inexpressivo" foi como o descreveu - que fez pender a balança. E a balança inclinou-se rapidamente.

O relatório MAUD foi oficialmente entregue ao governo dos Estados Unidos em 3 de outubro de 1941 e, em seis dias, Roosevelt nomeou um Comité de Política de Topo para controlar os acontecimentos. A Academia Nacional de Ciências apresentou um relatório ao Presidente, em 17 de novembro, apoiando amplamente as conclusões do Comité MAUD. Se ainda restavam dúvidas sobre o melhor caminho a seguir, estas foram dissipadas pelo ataque japonês a Pearl Harbor em 7 de dezembro de 1941. Em três dias, os Estados Unidos estavam em guerra e todos os recursos de ambos os lados do Atlântico estavam empenhados na construção de uma bomba atómica. Nessa altura, também era óbvio que a maior parte do desenvolvimento teria de ser efectuada nos Estados Unidos, porque as instalações e a mão de obra britânicas já estavam esgotadas e o país estava sob constante bombardeamento aéreo da Luftwaffe alemã.

Referência: Capítulo V

[1] Richard Rhodes :" The Making of the Atomic Bomb" Simon Schuster, Grã-Bretanha (2012)

Capítulo 6: FUSÃO NUCLEAR

Um dos factos inegáveis da história é que as armas de guerra se tornam cada vez mais eficazes com o passar do tempo. Foi o que aconteceu com os explosivos convencionais, e foi também o que aconteceu com as bombas atómicas. Após o fim da guerra, a equipa de Los Alamos não demorou muito tempo a aperfeiçoar as anteriores concepções de "Little Boy" e "Fat Man", dando especial ênfase a esta última por ser considerada a mais eficaz. Em 1948, tinham sido testadas bombas com mais do dobro da potência e, em 1952, as bombas de 2 vezes tinham aumentado para 25 vezes. Mas mesmo estes monstros foram ofuscados por uma nova geração de bombas atómicas que não dependiam da fissão de grandes átomos, como o urânio e o plutónio, mas da fusão, a temperaturas muito elevadas, de pequenos átomos, como os isótopos de hidrogénio. Foram chamadas bombas de fusão, termonucleares, superbombas ou bombas de hidrogénio. A possibilidade de serem fabricadas e de funcionarem foi demonstrada pelo teste bem sucedido da "Mike", concebida e construída em Los Alamos, em 1 de novembro de 1952. Era demasiado pesada e incómoda para poder ser considerada uma bomba de lançamento, mas foi um prenúncio do que estava para vir.

O "Mike" foi transportado para o atol de Eniwetok, uma das ilhas Marshall, que eram supervisionadas pelos Estados Unidos no âmbito de uma tutela das Nações Unidas, a bordo do USS Curtis, e depois levado em barcaça para a montagem final na pequena ilha de Elugelab. Na noite anterior ao ensaio, enquanto se faziam os últimos preparativos para a explosão, todas as ilhas adjacentes foram evacuadas, foi efectuada uma chamada final e os navios que transportavam a maioria dos observadores retiraram-se para uma distância de 64 km. A visão que tiveram foi claramente enervante, mesmo para aqueles que tinham testemunhado o Teste da Trindade. Havia uma bola de fogo com 4,8 km de diâmetro e os milhões de litros de água do mar que tinham sido transformados em vapor apareciam como uma grande bolha. Quando a visibilidade foi restaurada, ficou claro que a ilha de Elugelab tinha sido removida da superfície do mapa. No seu lugar havia uma vasta cratera, com 0,8 km de profundidade e 3,2 km de largura, no recife. 'Mike' tinha explodido com uma potência equivalente a mais de dez milhões de toneladas de TNT. Era 500 vezes mais potente do que a "Fat Man" lançada sobre Nagasaki e a sua explosão teria demolido os cinco distritos de Nova Iorque. Aquilo a que Oppenheimer chamou "a praga de Tebas"[1] tinha deixado a sua primeira marca indelével.

Edward Teller é geralmente referido como "o pai da bomba de hidrogénio", embora não gostasse dessa descrição e considerasse todo o empreendimento como "o trabalho de muitas pessoas". Foi, no entanto, o principal defensor da bomba e foi em grande parte a sua tenacidade obstinada que acabou por levar à construção da bomba. Foi mais um na longa linha de refugiados judeus da Hungria que tanto contribuíram para a física. Teller nasceu em Budapeste a 15 de janeiro de 1908, filho de um advogado próspero. Começou a sua educação no Instituto de Tecnologia de Budapeste, mas, depois de ter vivido o início da adolescência na agitação que se seguiu à revolução de 1918 na Hungria, partiu para a Alemanha para estudar nas universidades de Karlsruhe, Munique, Leipzig e Gottingen. Com a chegada de Hitler ao poder em 1933, Teller viu-se obrigado a mudar-se mais uma vez, indo primeiro para Copenhaga e Londres, e depois, em 1935, para os Estados Unidos, onde foi nomeado Professor de Física na Universidade George Washington. Em 1941, pouco depois de se ter tornado cidadão americano, mudou-se para a Universidade de Columbia para trabalhar ao lado de Fermi e Szilard.

Teller era de constituição atarracada, com cabelo rebelde e sobrancelhas desgrenhadas, um nariz comprido e olhos azuis brilhantes. Caminhava com um ligeiro coxear causado por um acidente num dos pés e as suas roupas estavam quase sempre amarrotadas e mal ajustadas. Gostava de música e poesia; sempre teve uma natureza basicamente calorosa e amigável e uma vida familiar muito feliz; mas, nos seus primeiros tempos, era ambicioso, temperamental e argumentativo, pelo que não sofria os tolos de bom grado e nem sempre mantinha os seus amigos. Já em criança, interessava-se apaixonadamente pela ciência e, mais tarde, sentiu-se particularmente atraído pelos aspectos gerais das ideias novas e avançadas e não se interessava por organizações ou pormenores fastidiosos. Se o génio é 1% de inspiração e 99% de transpiração, no caso de Teller, a inspiração foi mais acentuada. Foi a sua abertura de espírito, o seu intelecto e a sua imaginação que lhe permitiram dar um contributo tão individualista para tantos problemas.

Tinha discutido com Fermi a possibilidade de obter energia a partir de um dispositivo termonuclear, um dia na primavera de 1942, quando almoçavam juntos na Universidade de Columbia. A ideia era que a energia poderia ser libertada fazendo com que dois átomos muito pequenos se juntassem, tal como acontece com a divisão de um átomo grande em dois. A divisão chamava-se fissão; a união chamava-se fusão. O problema é que dois pequenos átomos só se fundem a temperaturas muito elevadas. Sabia-se, por exemplo, que a enorme energia do Sol era criada por reacções de fusão a temperaturas solares muito elevadas. A nova ideia de Fermi e Teller era que uma bomba de fissão poderia ser utilizada para aquecer uma mistura de pequenos átomos a uma temperatura tão elevada que estes se fundissem e libertassem energia. Os átomos inicialmente considerados como os mais susceptíveis de sofrer fusão a alta temperatura eram o hidrogénio e os seus dois isótopos, o deutério e o trítio. O hidrogénio é o átomo mais pequeno que se conhece, pelo que lhe é atribuída uma massa atómica relativa de 1 e simbolizado como[1] H. O átomo de deutério é duas vezes mais pesado,[2] H ou D, e o átomo de trítio é três vezes mais pesado,[3] H ou T. Se o que estava a ser sugerido pudesse ser alcançado, não haveria limite para o tamanho e potência da bomba que poderia ser construída. Cada vez mais hidrogénio e/ou os seus isótopos poderiam ser agrupados em torno de uma bomba de fissão central, que actuaria simplesmente como um detonador gigante ao elevar a temperatura para o valor necessário.

Este germe de ideia não causou grande impacto na mente de Fermi, mas Teller reflectiu muito bem sobre ela durante algumas semanas, chegando apenas à conclusão de que era impraticável. No início do verão, no entanto, mudou-se para o Laboratório Metalúrgico da Universidade de Chicago e, encontrando-se numa espécie de beco sem saída, retomou o assunto em colaboração com Emil Konopinski.[1] Os dois rapidamente descobriram que a conclusão original de Teller era falsa. Decidiram que a fusão a alta temperatura de pequenos átomos, embora extremamente difícil de conseguir, poderia ser possível, e Teller ficou quase obcecado com a ideia.

Tinha sido um dos primeiros a juntar-se à equipa de Los Alamos, em abril de 1943, e ajudou Oppenheimer em grande parte do planeamento inicial. Os dois eram, de facto, bastante amigos nessa fase, mas havia algo nas suas naturezas que não se conjugava, pelo que, embora Teller fosse um grande admirador de Oppenheimer a nível profissional, nunca se deram bem. A relação também não foi favorecida quando Oppenheimer não ofereceu a Teller um lugar como líder de qualquer uma das principais divisões em Los Alamos nem deu grande apoio à ideia de tentar construir uma bomba de fusão juntamente com a bomba de cisão.

Quaisquer planos para a construção de uma bomba de fusão foram, de facto, arquivados, mas Teller foi autorizado a dirigir um pequeno grupo para estudar as implicações teóricas. Isto deu-lhe uma independência satisfatória, mas suscitou uma grande hostilidade quando os outros cientistas sentiram que ele não estava a desempenhar plenamente o seu papel no projeto principal, e Teller tornou-se um pouco estranho. O grupo também não fez grandes progressos práticos, de modo que, na altura em que o "Little Boy" e o "Fat Man" estavam prontos a ser utilizados, não tinham qualquer ideia pormenorizada sobre a forma como uma bomba de hidrogénio poderia ser construída, embora previssem confidencialmente que seria possível fabricar uma com a potência de 10 milhões de toneladas de TNT. O que tinham em mente consistia numa bomba de fissão central rodeada por cerca de 1 metro cúbico de deutério líquido, juntamente com algum trítio para atuar como impulsionador.

Felizmente, tinham ignorado a previsão alarmante de Teller de que a explosão de uma bomba de fissão poderia desencadear um processo de fusão em átomos de hidrogénio contidos no vapor de água na atmosfera, provocando uma explosão catastrófica e universal que faria explodir o mundo inteiro.

A grande maioria dos cientistas de Los Alamos ficou radiante quando soube que tanto o 'Little Boy' em Hiroshima como o 'Fat Man' em Nagasaki tinham explodido de acordo com o planeado, e houve grandes celebrações. Mas o ambiente mudou rapidamente quando começaram a olhar para o futuro incerto e quando surgiram pormenores sobre os danos causados pelas bombas. Para muitos, foi um período de grande introspeção, pois reflectiram sobre o seu próprio papel e responsabilidade no fabrico das bombas. O que deveria, ou poderia, ser feito no futuro? A maioria dos cientistas queria certamente livrar-se do controlo militar, representado pelo General Groves, e voltar a ser livre para realizar o seu próprio trabalho de investigação. Muitos, liderados por Einstein, queriam proibir a bomba, e houve fortes apelos a um qualquer tipo de controlo internacional se não houvesse proibição.

Ninguém agonizava mais do que Oppenheimer, porque ninguém tinha passado tanto pelo moinho como ele. Tinha perdido cerca de 9 kg de peso durante o seu tempo em Los Alamos e tinha feito saber a Groves, já em maio de 1945, que estava a pensar em demitir-se do seu cargo assim que fosse conveniente. A demissão efectiva ocorreu a 16 de outubro e regressou à vida universitária, primeiro no Instituto de Tecnologia da Califórnia e, em 1947, como diretor do Instituto de Estudos Avançados de Princeton, Nova Jérsia. É bem possível que tenha tido a intenção de se divorciar completamente dos assuntos relacionados com a energia nuclear e disse certamente a Teller que não teria mais nada a ver com o trabalho termonuclear. Começou também a usar frases emotivas como "Os físicos conheceram o pecado" e "Temos sangue nas nossas mãos".[1] O Presidente Truman, é dito, retorquiu: "Não importa. Tudo se resolverá com a lavagem". Mas com a sua experiência e conhecimentos únicos, Oppenheimer foi rapidamente arrastado para o turbilhão do debate acalorado que estava a ter lugar entre os cientistas, os militares e os políticos. Quando a Lei McMahon foi aprovada nos Estados Unidos, em julho de 1946, estabeleceu o controlo civil sobre as questões atómicas através de uma nova Comissão de Energia Atómica, composta por cinco comissários com poderes e direitos de voto iguais. Para lhe fornecer informações e pareceres técnicos, foi criado, em janeiro de 1947, um Comité Consultivo Geral, tendo Oppenheimer sido escolhido, pelos seus nove membros, como o seu primeiro presidente. O cargo foi ocupado até 1952, o que lhe permitiu estar de novo no centro das atenções.

Norris Bradbury[1] sucedeu-lhe em Los Alamos, mas, como muitos dos trabalhadores seguiram Oppenheimer de volta à vida civil, foi uma luta manter as coisas a funcionar e o moral era baixo. No entanto, foram feitos progressos suficientes para permitir a conclusão com êxito da Operação "Crossroads" ao largo do atol de Bikini, em julho de 1946, que envolveu uma força de intervenção de 40 mil homens. Foram explodidas duas bombas atómicas, uma acima e outra abaixo de água, para verificar o seu impacto nos navios, de modo a poderem ser elaborados planos para a futura estratégia e conceção naval.

Edward Teller não se juntou, de início, ao êxodo geral de Los Alamos. Alguns que não gostavam dele chegaram mesmo a sugerir que ele ficou por cá na esperança de conseguir o lugar de Oppenheimer. Na altura, Bradbury ofereceu-lhe um lugar como chefe da Divisão Teórica - um cargo que ele esperava ocupar na era de Oppenheimer - mas Teller recusou-o quando descobriu que o tipo de programa expansivo que ele previa não seria possível devido à falta de recursos. Assim, seguiu Fermi para a Universidade de Chicago, onde leccionou mecânica quântica, fez alguma investigação e parecia estar a assentar para desfrutar de um estilo de vida mais descontraído. Mas continuava a interessar-se por questões termonucleares e visitava frequentemente Los Alamos para se manter em contacto com os desenvolvimentos aí ocorridos.

Numa dessas visitas, em abril de 1946, presidiu a uma reunião secreta para analisar os progressos realizados no projeto da superbomba. Estavam presentes quase todos os que estavam de alguma forma envolvidos, incluindo Klaus Fuchs, e havia um consenso geral de que uma superbomba poderia ser construída, mas alguma diferença de opinião sobre a escala de tempo envolvida. O projeto utilizaria uma grande parte dos recursos disponíveis no domínio da energia atómica e a decisão sobre a melhor forma de avançar só poderia ser tomada no âmbito da política nacional mais elevada. Mas em 1946 a política nacional não era a favor da super-bomba, embora Teller continuasse a torcer por ela e a prever que poderia ser construída em dois anos.

Foi só em setembro de 1949, quando se descobriu, através de vigilância aérea, que os russos tinham feito explodir a sua primeira bomba atómica, que os acontecimentos começaram a avançar na direção de Teller. A notícia foi uma grande surpresa e um grande choque para os Estados Unidos, onde se supunha que seria necessário esperar pelo menos 1956 para que a Rússia conseguisse fabricar tal bomba. A opinião de Teller era que uma corrida ao armamento já não era uma possibilidade, mas uma certeza assustadora que tinha de ser enfrentada. Para que os Estados Unidos se mantivessem à frente, a bomba russa, apelidada de Joe I em homenagem a José Estaline, deveria ser ultrapassada pela superbomba. Assim, tal como a ameaça de uma bomba atómica alemã tinha dado tanta urgência ao trabalho na Grã-Bretanha e nos Estados Unidos sobre uma bomba de fissão, também a realidade de uma bomba de fissão russa e a ameaça de uma superbomba russa estimularam Teller e os seus apoiantes.

O Comité Consultivo Geral, presidido por Oppenheimer, reuniu-se em 19 de outubro de 1949 para considerar a possibilidade de recomendar a produção de uma bomba termonuclear em resposta às notícias da Rússia. Os oito membros presentes na reunião rejeitaram a ideia. Concordaram que o seu fabrico era tecnicamente viável, mas que seria tão difícil e tão dispendioso que interferiria seriamente com o bom desenvolvimento do programa de construção de bombas de fissão, em constante expansão. Salientaram que, na sua opinião, não havia necessidade de uma bomba tão potente e que não contribuiria em nada para melhorar as defesas dos Estados Unidos. Mas, acima de tudo, salientaram que a posição moral do país seria prejudicada se decidisse dar um salto tão grande na corrida ao armamento.

Teller e os seus apoiantes ficaram estupefactos com a atitude do Comité Consultivo Geral, mas isso só os encorajou a intensificar o seu lobby a favor da superbomba. E em pouco tempo tinham do seu lado o General Bradley, o Presidente do Estado-Maior Conjunto, Louis Johnson, o Secretário da Defesa, e Dean Acheson, o Secretário de Estado. Mais uma vez Truman foi confrontado com uma decisão crítica e os seus conselheiros estavam divididos. Os cientistas diziam "não" e os militares diziam "sim".

A questão deve ter-se equilibrado no fio da navalha e a balança pode muito bem ter pendido com o anúncio, a 27 de janeiro de 1950, de que Klaus Fuchs tinha sido detido em Londres, depois de ter confessado voluntariamente à polícia as suas actividades de espionagem nos oito anos anteriores. Nascido na Alemanha em 1911, Klaus Fuchs aderiu ao Partido Comunista desse país quando tinha 21 anos e era um estudante ativista, sobretudo porque a sua família tinha sofrido muito com os nazis. A sua filosofia marxista deu-lhe uma "confiança total na política russa", mas tentou fugir dos nazis e chegou a Inglaterra em 1933 praticamente sem dinheiro e sem amigos. Depois de trabalhar nas universidades de Bristol e Edimburgo, e após um período de internamento no Canadá no início da guerra, foi convidado por Peierls para trabalhar com ele na separação de isótopos de urânio na Universidade de Birmingham e para viver com ele e a sua família. Os serviços de segurança britânicos continuavam a desconfiar de Fuchs, mas os inquéritos policiais não encontraram provas contra ele desde a sua chegada à Grã-Bretanha, pelo que lhe foi concedida autorização de residência e acabou por ser naturalizado. Peierls levou Fuch consigo para Nova Iorque e Los Alamos e nem ele nem a sua mulher conseguiram acreditar na notícia de que ele era um traidor até a ouvirem da sua própria boca quando o visitaram na prisão de Brixton. Lady Peierls ficou extremamente zangada e escreveu-lhe dizendo: "Queimou o seu Deus. Que Deus o ajude. Fuchs atribuiu as suas actividades a uma "esquizofrenia controlada", mas isso não o impediu de ser condenado a catorze anos de prisão e de lhe ser retirada a cidadania britânica, atrás da qual se tinha refugiado. Como era um prisioneiro exemplar, obteve a remissão máxima normal da pena e foi libertado ao fim de nove anos, altura em que foi para a Alemanha de Leste trabalhar no Instituto de Investigação Nuclear de Rossendorf. Por um acaso notável do destino, foi encarregado do estabelecimento quando o atual diretor, Dr. Barwick, desertou para o Ocidente. Fuch foi condecorado com a Ordem de Karl Marx em 1981 e morreu a 28 de janeiro de 1988.[1]

É agora claro que foram as informações transmitidas aos russos por Fuchs que lhes permitiram construir uma bomba de fissão tão rapidamente, sendo também provável que ele lhes tivesse fornecido muitas informações úteis sobre bombas de fusão, porque Fuchs tinha estado a trabalhar nelas em Los Alamos. Sabendo isto, Truman demorou apenas quatro dias a decidir entre os seus conselheiros científicos e os seus conselheiros militares. Emitiu o seu veredito a 31 de janeiro, declarando:

Faz parte da minha responsabilidade como Comandante-em-Chefe das Forças Armadas assegurar que, tal como todos os outros trabalhos no domínio das armas atómicas, estes estão a ser e serão levados por diante na medida em que o país esteja em condições de se defender contra qualquer possível agressor. Por conseguinte, dei instruções à Comissão de Energia Atómica para prosseguir os seus trabalhos sobre todas as formas de armas atómicas, incluindo a bomba de hidrogénio ou superbomba. Tal como todos os outros trabalhos no domínio das armas atómicas, estes estão a ser e serão levados a cabo numa base consistente com os objectivos globais do nosso programa para a paz e segurança.

Teller deve ter pensado que a construção de uma super bomba, agora que a luz verde tinha sido dada, seria simples comparada com todas as lutas internas dos meses e anos anteriores, mas teve um choque desagradável. Por acaso, tinha tirado uma licença de Chicago para viajar para o estrangeiro e regressar ao trabalho em Los Alamos, onde Bradbury estava a reorganizar o programa para dar lugar a um esforço máximo na fusão, sem afetar demasiado o trabalho contínuo na fissão. Infelizmente, Bradbury não conseguia relacionar-se com Teller melhor do que Oppenheimer e considerou que poderia ter um motim em mãos se colocasse Teller à frente de algo muito importante, mas não o nomeou diretor adjunto do desenvolvimento de armas e nomeou-o presidente de um comité que acompanhava os progressos termonucleares.

Os esforços máximos no domínio da fusão tiveram um início muito dececionante e os progressos registados durante a maior parte de 1950 foram em sentido inverso. Stanislaw Ulam, um refugiado da Polónia que tinha deixado a Universidade de Wisconsin para trabalhar em Los Alamos no inverno de 1943, tinha efectuado uma reavaliação matemática da ideia de Teller de utilizar uma mistura de deutério e trítio numa bomba de fissão para fazer uma superbomba. Trabalhando apenas com um assistente e com simples réguas de cálculo, Ulam descobriu que a ideia de Teller simplesmente não funcionava. Teller ficou furioso e quase desesperado com a ideia de que todos os seus esforços anteriores tinham sido em vão. A princípio, não conseguiu considerar válidos os cálculos de Ulam, mas, quando os seus resultados foram confirmados por uma análise efectuada num dos primeiros computadores electrónicos, denominado ENIAC (Electronic Numerical Integrator And Calculator), teve de reconsiderar a situação e voltar à prancheta de desenho. A contribuição de Ulam foi tão importante que se sugeriu que ele deveria ser considerado o pai da bomba de hidrogénio - com Teller como a mãe, por ter segurado o bebé durante tanto tempo.

Em termos simples, o projeto original de Teller para uma superbomba, em que uma mistura de deutério-tritium era embalada em torno de uma bomba de fissão central, não funcionaria porque a explosão da bomba de fissão faria explodir a mistura de deutério-tritium antes de esta ter sido aquecida a uma temperatura suficientemente elevada para que os átomos se fundissem.

A história poderia ter ficado por aqui se Ulam e Teller, apesar de ainda estarem a ressentir-se do seu anterior desacordo, não tivessem encontrado uma nova solução na primavera de 1951. Perceberam que existem dois surtos ou explosões de energia quando uma bomba de fissão explode, um causando o efeito de calor e o outro o efeito de explosão. O efeito de calor provém de uma concentração intensa de raios X, que se move à velocidade da luz, enquanto o efeito de explosão é causado por uma onda de choque que se move mais lentamente. Tratava-se de medir se os raios X eram capazes de elevar a mistura deutério-tritium à temperatura necessária antes que a onda de choque a pudesse perturbar. Para tal, a bomba de fissão e a mistura de deutério-tritium tinham de estar a alguma distância, mas dentro do mesmo recipiente, de modo a que os raios X de movimento rápido atingissem a mistura uma fração de segundo antes da onda de choque de movimento lento. A mistura seria então aquecida pelos raios X antes de poder ser desfeita pela onda de choque.

O efeito dos raios X sobre a mistura de deutério-tritium poderia ser ainda mais potenciado se a mistura fosse envolvida por um material plástico denso. O impacto dos raios X neste material produziria uma região de temperatura muito elevada e de pressão muito elevada, de modo que a mistura deutério-tritium no centro do plástico não só seria aquecida como também comprimida. E o facto de estar a ser comprimida, com os átomos a serem empurrados uns para os outros, significava que se fundiria a uma temperatura mais baixa.

Além disso, percebeu-se que a pressão criada no interior do material plástico era suficientemente elevada para comprimir um pedaço de plutónio de modo a que este se tornasse supercrítico em tamanho, como aconteceu, sob pressão, no "Fat Man". Como aperfeiçoamento, seria então possível fabricar uma bomba ainda mais potente, envolvendo algum plutónio na mistura deutério-tritium. A bomba de fissão original provocaria a fusão da mistura deutério-tritium e, ao mesmo tempo, uma nova fissão do plutónio.

Estas novas ideias foram delineadas por Teller numa conferência de alto nível, num fim de semana, organizada e presidida por Oppenheimer em Princeton, em julho de 1951. Estavam presentes quase todos os interessados no programa termonuclear - os Comissários da Energia Atómica, representantes militares, cientistas de Los Alamos e consultores independentes - e, no final da reunião, houve um consenso invulgar de que "pela primeira vez, tínhamos algo que parecia viável sob a forma de uma ideia". Oppenheimer descreveu a ideia como "tecnicamente agradável" e recomendou que fosse prosseguida sem nenhuma das reservas que tinham sido expressas tão claramente no relatório do Comité Consultivo Geral no ano anterior. Mais tarde, viria a explicar a discrepância com o argumento de que o tom do relatório anterior teria sido diferente se o Comité Consultivo Geral tivesse sabido em 1946 o que sabia em 1951.

O sucesso desta reunião em Princeton deu um grande impulso ao projeto da super-bomba. E não era tarde demais, porque tinham passado dezoito meses desde que Truman dera instruções para que a bomba fosse construída. A semana de trabalho em Los Alamos foi alargada de cinco para seis dias, e os que operavam o ENIAC faziam turnos diurnos e noturnos. Os cálculos eram, no entanto, tão pormenorizados e complicados que só quando um computador muito mais potente, humoristicamente apelidado de MANIAC (Mathematical Analyzer , Numerical Integrator And Calculator) foi concebido é que o problema foi resolvido.

Uma série de quatro testes preliminares, com o nome de código "Greenhouse", tinha sido realizada em Eniwetok em maio de 1951.

Tinham sido concebidos para demonstrar, sem margem para dúvidas, que uma mistura de deutério e trítio explodiria, através de uma reação de fusão, se fosse aquecida a uma temperatura suficientemente elevada. Foi a deteção de neutrões de alta energia, como subproduto, que demonstrou que tinha ocorrido uma reação de fusão. Estes

eram testes básicos, científicos, e não testes de qualquer coisa que pudesse ser chamada de bomba, mas o poder explosivo disponível ficou claro para todos quando duas pequenas ilhas do atol - Eberiru e Engebi - foram completamente explodidas.

O "Mike" foi o primeiro engenho termonuclear autónomo a ser testado pelos americanos. Não podia realmente ser considerada uma bomba de lançamento, uma vez que pesava 66 toneladas, principalmente devido a todo o equipamento de refrigeração necessário para manter a mistura deutério-tritium abaixo de -253° C, de modo a que permanecesse liquefeita. Para reduzir o peso, foi necessário substituir a mistura deutério-tritium por um material sólido, no que veio a ser conhecido como bomba seca. O composto entre um isótopo de lítio-6,[6] Li, e o deutério, o deutreto de lítio, foi considerado satisfatório. O bombardeamento deste sólido, no interior de uma bomba, por neutrões, converte alguns dos[6] átomos de Li em trítio e, como os átomos de deutério já estão presentes, é criada uma mistura "combustível" satisfatória para a fusão.

A primeira bomba seca, com o nome de código "Shrimp", foi testada em Bikini na operação "Castle", na primavera de 1954. Revelou-se muito mais potente do que se esperava, com uma explosão equivalente a 15 mega toneladas de TNT; deixou uma cratera de 182 m de largura e 68 m de profundidade. Como pesava apenas 10.645 kg, podia ser transportada no compartimento de bombas do B-47, pelo que foi a primeira bomba de hidrogénio prática de sempre. Uma série de outros testes em engenhos como o "Runt", o "Koon", o "Yankee" e o "Nectar" confirmaram que o deutreto de lítio era, de facto, um combustível satisfatório para as bombas de hidrogénio e que estas podiam ser fabricadas em vários tamanhos. Os Estados Unidos tomaram a dianteira, mas outros rapidamente se juntaram ao comboio. A Rússia fez explodir a sua primeira verdadeira bomba de hidrogénio em novembro de 1955, embora tivesse testado uma bomba preliminar (Joe 4) já em agosto de 1953; o Reino Unido tinha a sua bomba H em 1957; a China em junho de 1967; e a França em agosto de 1968.

A corrida ao armamento internacional original, na década de 1940, tinha sido entre a Alemanha nazi, por um lado, e a América, a Grã-Bretanha e a França, por outro. Agora, apesar das muitas tentativas internacionais, geralmente iniciadas pelos países com armas nucleares existentes, para limitar o que veio a ser conhecido como proliferação nuclear, a corrida estava a expandir-se a uma escala mais vasta. A corrida alargou-se ao Sul da Ásia quando a Índia, perturbada pelos acontecimentos na China, testou um engenho nuclear subterrâneo em 1974. A Índia descreveu o ensaio como uma "explosão nuclear pacífica", mas o Paquistão não o considerou assim, tendo começado a trabalhar no sentido de desenvolver a sua capacidade nuclear. Outros países, nomeadamente Israel, a África do Sul, o Brasil, o Irão, o Iraque e a Argentina, reagiram da mesma forma, e existem hoje muitos mais países com a capacidade técnica necessária para avançar nessa direção, se alguma vez sentirem necessidade. Primeiro a Índia e depois o Paquistão causaram grande alarme ao efectuarem, cada um deles, uma série de ensaios nucleares subterrâneos em maio de 1998. Seguiu-se uma década de silêncio e, em 2008, a Coreia do Norte detonou e juntou-se ao clube.

Teller tinha estado presente nos testes do "Greenhouse" mas não estava presente nos testes do "Mike" porque se tinha demitido do seu posto em Los Alamos em julho de 1952. A sua relação com Bradbury, e com outros membros da equipa de Los Alamos, tinha-se deteriorado durante o tempo em que lá trabalhara, até que começou a sentir que só seria possível fazer progressos satisfatórios em direção ao seu objetivo se ele próprio pudesse controlar um laboratório inteiramente dedicado ao trabalho termonuclear. Conseguiu apoio para esta ideia, nomeadamente da Força Aérea. Nem a Comissão de Energia Atómica nem o Comité Consultivo Geral se mostraram inicialmente favoráveis à ideia de Teller, mas acabaram por tomar posse de um pequeno laboratório em Livermore, pertencente à Universidade da Califórnia. Este laboratório era composto por jovens brilhantes, muitos deles com pouca ou nenhuma experiência no domínio da energia atómica, e, no início, os seus projectos de bombas foram um fracasso mas, à medida que foram ganhando experiência, contribuíram muito para o desenvolvimento de armas nucleares.

Bradbury tinha, de facto, convidado formalmente Teller para assistir ao teste "Mike", mas o convite foi, compreensivelmente, recusado. Teller sentiu, no entanto, que queria manter-se em contacto com o teste e teve a ideia de o fazer através de um sismógrafo na cave do Departamento de Geologia da Universidade da Califórnia. Calculou que as ondas de choque da explosão demorariam cerca de 15 minutos a percorrer os milhares de quilómetros sob o Pacífico, desde Eniwetok até à costa californiana. E assim, no devido tempo, fizeram-no, deixando impressões "claras, grandes e inconfundíveis" na chapa fotográfica do sismógrafo. Assim, Teller soube que o teste tinha sido um sucesso quase tão cedo como os que estavam presentes.

Com o êxito dos testes da bomba H, a estrela de Teller estava muito em ascensão, enquanto a de Oppenheimer tinha esmorecido. As relações entre o governo e o Comité Consultivo Geral não tinham sido muito cordiais desde que Truman tinha ignorado a recomendação do Comité em 1950, e Oppenheimer demitiu-se da presidência do Comité em julho de 1952. Continuava a trabalhar como consultor da Comissão de Energia Atómica, mas era cada vez menos consultado.

Era considerado por alguns como um risco de segurança desde antes da sua nomeação como diretor em Los Alamos , e tinha sido mantido sob vigilância constante e frequentemente interrogado. Afirmou que o governo deve ter gasto muito mais em escutas telefónicas do que alguma vez lhe pagaram, e J. Edgar Hoover , o chefe do Federal Bureau of Investigation , testemunhou contra ele numa revisão de segurança em 1948. Embora Oppenheimer tivesse sobrevivido a isso, ainda havia muitos nos bastidores que suspeitavam muito dele.

As coisas chegaram a um clímax em 1953. Oppenheimer tinha passado o verão a dar conferências na América do Sul e tinha ido a Inglaterra em novembro para proferir as Reith Lectures para a British Broadcasting Corporation e para receber um diploma honorário na Universidade de Oxford. Depois visitou vários amigos na Europa, incluindo Haakon Chevalier em Paris. Enquanto esteve fora dos Estados Unidos, foi constantemente vigiado e William Borden, um jovem executivo que investigava acusações de má gestão na Comissão de Energia Atómica em nome de uma comissão do Congresso, estava a terminar um longo documento, que enviou ao diretor do FBI, argumentando que Oppenheimer era provavelmente um agente soviético.

Quando Oppenheimer regressou a casa, foi convocado para uma reunião em Washington com Lewis L. Strauss, o Presidente da Comissão de Energia Atómica, que tinha sido encarregado pelo Presidente Eisenhower de analisar as alegações. Foi talvez uma escolha infeliz e infeliz porque Strauss, que tinha deixado a escola aos dezasseis anos para vender sapatos mas que acabou por se tornar um financeiro milionário e um contra-almirante na Reserva Naval, tinha pouco em comum com Oppenheimer e desprezava-o abertamente. Era também muito auto-confiante, algo pomposo, e podia ser obstinado e manipulador. O seu primeiro encontro teve lugar em 21 de dezembro e Oppenheimer ficou estupefacto ao saber que a sua autorização de segurança ia ser retirada devido às dúvidas sobre a sua "veracidade, conduta e mesmo lealdade". A essência das acusações contra ele relacionava-se com a sua associação, ao longo dos anos, com comunistas ou seus simpatizantes, mas havia uma alegação adicional e surpreendente de que ele se tinha oposto fortemente ao desenvolvimento do projeto da bomba H nos anos do pós-guerra.

Foi dito a Oppenheimer que podia demitir-se sem qualquer investigação adicional das acusações que lhe eram imputadas ou que as acusações podiam ser remetidas para um Conselho de Segurança do Pessoal selecionado pela Comissão de Energia Atómica. Recusou-se a demitir-se, escrevendo ao Almirante Strauss :

Pensei muito seriamente na alternativa sugerida. Nestas circunstâncias, esta linha de ação significaria que eu aceitaria e concordaria com a opinião de que não estou apto a servir este governo, que já servi durante cerca de doze anos. Não posso fazer isso. Se eu fosse assim indigno, dificilmente teria servido o nosso país como tentei, ou teria sido diretor do nosso Instituto em Princeton, ou teria falado, como uma pessoa muito atenta e complicada, e penso que seria o nosso país.[1]

A audiência contra Oppenheimer teve início em privado, em 12 de abril de 1954, perante um júri composto por três pessoas, e durou quatro semanas. Não se tratava de um processo judicial, mas o procedimento adotado assemelhava-se muito ao de um tribunal, com o interrogatório das testemunhas por advogados profissionais. Roger Robb, representante da Comissão de Energia Atómica, comportou-se como um procurador público robusto e impiedoso, enquanto Oppenheimer foi defendido por Lloyd Garrison, um advogado de maneiras suaves e erudito, que se dedicara a muitas causas públicas dignas, mas que tinha pouca experiência de tribunal.

Cerca de quarenta eminentes cientistas, políticos e militares testemunharam na audiência, tendo a maioria falado a favor de

Oppenheimer. Entre os cientistas, Bradbury apoiou-o de forma particularmente forte e todos os membros do Comité Consultivo Geral foramhttp://www. dawn.com/news/1143388/is-this- ship-sinkingo testemunhar a seu favor. Teller disse ainda que "Oppenheimer tinha sido um excelente e maravilhoso diretor do laboratório de Los Alamos, mas que alguns dos seus outros testemunhos eram muito prejudiciais". Em resposta a uma pergunta de Robb, sobre a lealdade de Oppenheimer, disse: "Conheço Oppenheimer como uma pessoa intelectualmente muito alerta e complicada, e penso que seria presunçoso e errado da minha parte tentar analisar os seus motivos. Mas sempre assumi, e assumo agora, que ele é leal aos Estados Unidos. Acredito nisso e acreditarei até ver provas muito conclusivas do contrário."[7] Mas quando lhe perguntaram qual era a sua opinião sobre Oppenheimer como um risco para a segurança, respondeu

Num grande número de casos, vi o Dr. Oppenheimer agir - e compreendi que o Dr. Oppenheimer agia - de uma forma que, para mim, era extremamente difícil de compreender, e a sua ação pareceu-me francamente confusa e complicada. Nesta medida, sinto que gostaria de ver os interesses vitais deste país em mãos que compreendo melhor e, por conseguinte, em que confio mais. Neste sentido muito limitado, gostaria de exprimir o sentimento de que estaria pessoalmente mais seguro se os assuntos públicos estivessem noutras mãos.

Mais tarde, num interrogatório que durou mais de uma hora, disse: "Se se trata de uma questão de sensatez e de discernimento, tal como demonstrado pelas acções desenvolvidas desde 1945, então eu diria que seria mais sensato não conceder autorização de segurança". Estas provas condenatórias perturbaram de tal forma muitos dos seus colegas cientistas que Teller foi relegado para o ostracismo durante muitos anos.

No entanto, foi a própria atuação de Oppenheimer na sala de audiências que foi mais prejudicial para a sua causa. Era conhecido como um orador brilhante, capaz, com grande eloquência, de apresentar quase todos os casos, mas quando se tratava de falar em seu próprio nome, era inarticulado e extremamente tímido e apologético. Era como se tivesse ficado mudo. Robb atacou-o sem descanso, tratou-o como um criminoso comum e atraiu-o para muitas armadilhas. Obrigou-o a admitir, por exemplo, que tinha mentido, dez anos antes, ao contar a sua versão da sua associação com Haakon Chevalier e, quando Robb lhe perguntou por que razão o tinha feito, respondeu: "Porque era um idiota",[1] . À noite, depois dessa audição, Robb disse à sua mulher que tinha "acabado de ver um homem destruir-se a si próprio". [1]

A conclusão mais importante do comité, por uma maioria de dois votos contra um, foi que Oppenheimer era "um cidadão leal", mas que não podiam recomendar a continuação da sua autorização de segurança. Oppenheimer recorreu da decisão para os Comissários da Energia Atómica, mas estes rejeitaram o recurso por quatro votos contra um. Assim, um Oppenheimer muito castigado regressou à direção das actividades do Instituto de Estudos Avançados de Princeton, desanimado e "a comer o coração de frustração".[1] Mas o tempo é um grande curandeiro e, com o passar dos anos, cada vez mais pessoas começaram a pensar que Oppenheimer tinha sido mal tratado e foram feitas algumas tentativas de recompensa oficial quando o Presidente

Kennedy concordou, em 1963, em seguir uma recomendação dos Comissários da Energia Atómica de que deveria atribuir a Oppenheimer o Prémio Enrico Fermi. Infelizmente, o Presidente Kennedy foi assassinado antes de poder entregar o prémio, mas este foi entregue a Oppenheimer pelo Presidente Johnson em 2 de dezembro de 1963, exatamente vinte e um anos depois de o CP-1 de Fermi ter funcionado com êxito no campo de squash em Chicago.

Também Teller foi lentamente aceite, pelo menos parcialmente, no seio da comunidade científica. Em 1962, foi-lhe atribuído o prémio Enrico Fermi.

Deixe Oppenheimer, o cérebro por detrás da bravura de Broves, e um gigante nesta história milenar dos explosivos, ter a última palavra. No dia da sua reforma de Los Alamos, em 1945, aceitou, em nome do laboratório, um Certificado de Apreciação do Secretário de Estado da Guerra, que lhe foi entregue pelo General Groves. Oppenheimer respondeu:

É com apreço e gratidão que aceito de vós este pergaminho para o Laboratório de Los Alamos, para os homens e mulheres cujo trabalho e cujos corações o criaram. Esperamos que nos anos vindouros possamos olhar para este pergaminho, e para tudo o que ele significa, com orgulho.

Hoje em dia, essa vontade deve ser temperada com uma profunda preocupação. Se as bombas atómicas forem adicionadas como novas armas aos arsenais do mundo em guerra, ou ao arsenal das nações que se preparam para a guerra, então chegará o momento em que a humanidade amaldiçoará os nomes de Los Alamos e Hiroshima.

Os povos deste mundo devem unir-se ou perecerão. Esta guerra que devastou grande parte da terra escreveu estas palavras. A bomba atómica soletrou-as para que todos os homens as compreendam. Outros homens pronunciaram-nas, noutros tempos, noutras guerras, com outras armas. Não prevaleceram. São enganados por um falso sentido da história humana que afirmam que elas não prevalecerão hoje. Não nos cabe a nós acreditar nisso. Com as nossas obras, comprometemo-nos com um mundo unido, perante o perigo comum, no direito e na humanidade.

Depois de uma vida de grandes realizações, a par de muitos tormentos, morreu de cancro da garganta em Princeton, em 18 de fevereiro de 1967, com sessenta e dois anos de idade. Pouco antes de morrer, escreveu: "A ciência não é tudo, mas a ciência é muito bela".[1] Agora descansa em paz. Mas o mundo, apesar das recentes tentativas de desarmamento nuclear, continua a viver uma certa agitação e ele pensaria, sem dúvida, que não fez o suficiente para dar ouvidos à sua mensagem de esperança de 1945.

Referência: Capítulo VI

[1] Richard Rhodes " The Making of the Atomic Bomb" Pub.: Simon Schuster, Grã-Bretanha (2012)

CAPÍTULO 7: As Vinhas da Ira Apresentado pelo Dr. AQ Khan:

Na realidade, é pouco provável que Washington, Londres e Nova Iorque sofram um ataque nuclear - embora exista certamente essa possibilidade. . Mais em risco, por enquanto, parecem estar as cidades dos pobres com armas nucleares, particularmente no subcontinente indiano e no Médio Oriente. Veja Rawalpindi, por exemplo. Há duas décadas que se mantém como está hoje, na vanguarda de uma nova era nuclear - uma expansão de mais de dois milhões de pessoas nas planícies do norte do Punjab, no Paquistão, onde já nos últimos anos os residentes estiveram por duas vezes perto da aniquilação nuclear, mas sem perder o entusiasmo pelo facto de também eles terem bombas atómicas com que ameaçar os seus vizinhos. Os pacifistas podem desesperar e deplorar a insensatez das massas, mas isso já não tem grande importância. Seja qual for o futuro, este é o mundo em que cada vez mais vivemos, de sociedades como o Paquistão, fracas e instáveis, mas também armadas com armas nucleares.[1]

De facto, o Paquistão é o grande proliferador do nosso tempo, por muito improvável que pareça. Rawalpindi é um lugar fervilhante, cheio de fumo e superlotado de pessoas que mal conseguem sobreviver. Um grande número delas vive da mão para a boca com o equivalente a algumas centenas de dólares por ano. A maior parte da sua água potável vem de um lago situado numa zona rural tranquila a norte da cidade. O lago está rodeado de pastos arborizados e de manchas de floresta esparsa. A marinha do Paquistão tem ali um clube náutico, num promontório com uma barraca de tijolo de cimento, um relógio e um pequeno veleiro na água - um laser 16 com velas sujas, que é pouco utilizado. Embora apareçam por vezes pescadores e apanhadores durante a tarde ou à noite, a margem do lago em ambos os lados do promontório é imaculada e pouco desenvolvida. As

O vazio é intencional: embora os terrenos à volta do lago sejam propriedade privada, as leis de ordenamento do território proíbem estritamente a construção nesses terrenos, para proteger os cidadãos de Rawalpindi da contaminação que, de outra forma, resultaria. Isto parece-me correto. Se o Paquistão não pode fazer mais nada pelo seu povo, pode pelo menos evitar que os ricos despejem os seus esgotos na boca dos pobres.

Mas o Paquistão é um país corrompido até ao tutano e, há alguns anos, foi construída uma grande casa de fim de semana, em flagrante desrespeito pela lei, a cerca de um quilómetro do clube de vela da marinha, claramente à vista na margem mais distante do lago. Quando pessoas comuns constroem casas ilegais no Paquistão, a reação do governo é inequívoca e rápida: com o apoio de soldados ou da polícia, os bulldozers entram em ação e deitam abaixo a estrutura. O construtor desta casa em particular, no entanto, não era outro senão o Dr. Abdul Qadeer Khan, o metalúrgico que, após uma estadia na Europa, regressou ao Paquistão em meados da década de 1970 com projectos roubados e que, ao longo dos anos, forneceu ao país - sozinho, segundo se acreditava - um arsenal de armas nucleares. Embora trabalhasse no domínio dos segredos de Estado, tinha-se tornado uma espécie de semideus no Paquistão, com uma reputação pública que só perdia para a do fundador da nação, Muhammad Ali Jinnah, e tinha desenvolvido um ego à altura. Era o chefe de uma instalação governamental com o seu nome - os Laboratórios de Investigação Khan - ou KRL - que dominava as dificuldades de produção de urânio altamente enriquecido, o material fissionável necessário para as armas do Paquistão, e estava também envolvido na conceção das ogivas e dos mísseis para as transportar. O inimigo era a Índia, onde Khan, como a maioria dos paquistaneses das suas gerações, tinha nascido e contra a qual o Paquistão travou quatro guerras perdidas desde o seu nascimento, em 1947. A Índia tinha a bomba, e agora o Paquistão também a tinha. A.Q. Khan foi visto como tendo assegurado a sobrevivência da nação, e de facto provavelmente assegurou - até ao momento, um dia num futuro concebível, em que esta se derreta por outras razões, ou em que ocorra efetivamente uma troca nuclear.

Em todo o caso, na altura em que construiu a casa do lago, acreditava de todo o coração na sua própria grandeza. Na sua meia-idade, tinha-se tornado um homem corpulento, alimentado com banquetes, resistente à crítica e escandalosamente auto-satisfeito. Acompanhado pelos seus seguranças, percorreu o Paquistão aceitando prémios e palavras de louvor, distribuindo fotografias suas e discorrendo sobre diversos assuntos - ciência, educação, saúde, história, política mundial, poesia e (o seu favorito) a magnitude dos seus feitos. Como convém a um benfeitor como ele, também distribuiu dinheiro, que parecia ser ilimitado, apesar do facto óbvio de ser um funcionário público com um salário de funcionário público e sem fontes legítimas de riqueza; comprou casas para os seus amigos, financiou bolsas de estudo, criou a sua própria instituição de caridade privada, fez grandes doações a mesquitas e concedeu subsídios a escolas e instituições do Paquistão I, muitas das quais deram o seu nome ou o dos seus edifícios. Para compreender Khan corretamente --- o que significa antecipar a disseminação dos arsenais nucleares para além das potências tradicionais --- é necessário reconhecer que a sua generosidade não foi apenas uma questão de auto-engrandecimento. Tem sido retratado no Ocidente como uma personagem perversa, um cientista maléfico, um fornecedor de morte. Perdeu certamente a perspetiva de si próprio. Mas a verdade é que era um bom marido, pai e amigo, e deu grandes presentes porque, na sua essência, era um homem de coração aberto e caridoso.

Quanto à razão pela qual insistiu em construir uma casa de fim de semana que desaguava na água potável de Rawalpindi, a resposta é, de facto, tortuosa, embora, à maneira paquistanesa, a atração não estivesse no cenário do lago (há lagos mais bonitos nas redondezas), mas sim no desafio aberto à lei - uma oportunidade para exibir o seu poder pessoal. Num país cujos tribunais foram tornados cativos e cujas leis mais fundamentais foram sistematicamente ignoradas por governos civis e regimes militares corruptos, uma vez alcançada a riqueza, não pode haver demonstração mais gratificante de sucesso do que um ato ilegal tão descarado. . A casa de Khan no lago serviu como uma mensagem mal codificada - e que foi universalmente compreendida pelos paquistaneses na altura. Era uma gabarolice pública. As pessoas não desaprovavam Khan pela violação da lei. Mesmo em Rawalpindi tendiam antes a admirá-lo por isso. Eram pobres, mas coletivamente já não eram fracos, porque agora tinham a bomba atómica. Estavam perfeitamente dispostos a abrir excepções para o homem que lha tinha dado.

Continuou a ser ilegal construir no lago e, como resultado, por uma lógica distorcida, a propriedade restrita tornou-se numa das mais procuradas da região. A.Q. Khan foi o pioneiro no terreno. Em poucos anos, outras casas foram construídas perto da sua, talvez uma dúzia no total, e todas pela mesma razão - devido à influência que era necessária para escapar a um crime tão público. Alguns dos construtores eram generais. Outros eram altos funcionários do laboratório nuclear. Todos eles obtiveram glória adicional pela sua proximidade com o amado Khan.

Depois, para Khan, em janeiro de 2004, a boa vida desmoronou-se. Na altura, tinha sessenta e oito anos. Agentes norte-americanos tinham intercetado um navio alemão chamado BBC China que transportava peças para um programa líbio de produção de armas nucleares e a Líbia, ao renunciar subsequentemente às suas ambições nucleares, tinha nomeado o Paquistão, e em particular os laboratórios de investigação de Khan, como fornecedor do que era um programa completo de armas nucleares. O preço a pagar era de 100 milhões de dólares.[1] Mais ou menos na mesma altura, foi revelado que a rede dirigida pelo Paquistão tinha vendido informações e componentes de armas nucleares ao Irão e à Coreia do Norte e tinha iniciado negociações com um quarto país, talvez a Síria ou a Arábia Saudita. . O ditador do Paquistão, General Pervez Musharraf, negou qualquer conhecimento pessoal ou envolvimento governamental e, com o olhar severo dos seus pagadores em Washington, D.C., acusou Khan de dirigir uma operação desonesta, fora da lei. Foi um teatro do tipo diplomático, e tanto mais grandioso quanto Musharraf controlava um arsenal de bombas atómicas. Abster-se de utilizar tal arsenal confere uma gravidade automática aos líderes nacionais, que se colocam lado a lado com presidentes e primeiros-ministros equipados de forma semelhante, mostrando contenção e intenções pacíficas. Mas Musharraf era um ator pouco convincente. A.Q. Khan era um herói não só no Paquistão, mas em todo o mundo islâmico e não só. Durante anos, representou abertamente o direito da classe baixa mundial a possuir armas nucleares e, de facto, publicitou publicamente a venda de produtos nucleares paquistaneses. Quando Musharraf alegou ignorância e desaprovação, poderia muito bem estar a expressar surpresa pelo facto de Khan ter construído uma casa nas margens de uma fonte de água potável.

Mas o teatro continuava. Os principais tenentes de Khan já tinham sido detidos. Agora, o próprio Khan foi preso - levado por agentes de segurança à paisana que chegaram de noite e o conduziram a um local secreto para alguns dias de interrogatório e persuasão. Chegou-se a um acordo e, em 4 de fevereiro de 2004, num evento encenado, Khan apareceu na televisão e fez uma confissão pública na qual pediu desculpa à nação pelo seu comportamento e absolveu o regime militar de qualquer envolvimento. Musharraf chamou a Khan um herói nacional pelo seu trabalho anterior, depois perdoou-lhe e confinou-o em prisão domiciliária na sua grande residência ao estilo de Los Angeles, na capital do país, Islamabad, a uma curta distância de carro a norte de Rawalpindi. Desde então, Khan tem estado lá, isolado com a sua mulher europeia, rodeado de guardas e agentes de segurança, sem contacto com o mundo exterior, sem autorização para ler jornais ou ver televisão, e muito menos para utilizar o telefone ou a Internet, e fora do alcance até dos serviços secretos dos Estados Unidos. Os serviços secretos gostariam de questionar, porque é provável que grande parte da rede que ele criou continue viva em todo o mundo e que, pela sua própria natureza - solta, desestruturada, tecnicamente especializada, determinadamente amoral - seja resistente e mutável e possa retomar as suas actividades quando surgir a oportunidade, como inevitavelmente acontecerá. O Paquistão montou a sua própria investigação e forneceu algumas informações à Agência Internacional de Energia Atómica das Nações Unidas, a AIEA, em Viena. Mas, por razões óbvias, o regime paquistanês não podia permitir um escrutínio profundo, nem os dirigentes dos Estados Unidos, por necessidade geopolítica aparente, podiam fazê-lo.

Khan[1] continua, portanto, a ser um enigma - um homem que pode morrer no isolamento, carregando ainda consigo os seus segredos. Há algumas notícias sobre as condições do seu cativeiro. Envelheceu consideravelmente, perdeu peso e ficou doente, mas aparentemente não está a ser envenenado. Depois de décadas de vida mole, sofre de várias doenças físicas, incluindo hipertensão arterial crónica e cancro da próstata, ao qual foi submetido a uma cirurgia em setembro de 2006. Está também profundamente desanimado ---convencido de que serviu a sua nação com honra e que, mesmo quando transferiu os seus segredos nucleares para outros países, estava a agir em nome do Paquistão e com a cumplicidade dos seus governantes militares. Dorme mal à noite.

No Paquistão, vale a pena ser politicamente realista. Os dias de Khan no lago acabaram, mas outras pessoas continuam a construir ou a ampliar as suas casas. A mais notável é a que fica ao lado da de Khan. É vistosa, ao estilo de um hotel internacional. Em comparação, a casa de Khan parece agora modesta, tanto mais que está fechada e abandonada. Mesmo nos dias de sol, o cenário é triste; à tarde, quando o vento sopra, há, no entanto, uma quietude. O jardim de Khan, que se inclina para a margem e que foi outrora o seu orgulho, está a crescer de forma selvagem. Tem uma pequena lancha junto a uma doca privada, mas está aberta à chuva e está a alagar lentamente, assentando o nariz. Sem dúvida que isto era de esperar. Khan é o maior proliferador nuclear de todos os tempos. Foi um revolucionário de importância histórica e, como acontece frequentemente, foi consumido pela sua própria criação. Nessa altura, o seu maior trabalho já tinha sido feito. Publicamente, é desaprovado pelos governos e pela imprensa, mas, em privado, as pessoas continuam a tê-lo em alta conta. Em grande parte do mundo, continuam a pensar "Viva Khan" e, provavelmente, continuarão a fazê-lo durante muito tempo.

A história pessoal de Khan é obscurecida tanto pela adulação como pelo secretismo. Sabe-se alguma coisa da sua infância. Nasceu em 1936, no seio de uma família muçulmana, em Bhopal, na Índia - uma cidade agora conhecida pelas dezoito mil mortes causadas por uma explosão acidental, uma noite, em 1984, numa fábrica de insecticidas da Union Carbide. Na década de 1930, Bhopal estava dividida entre hindus e muçulmanos. Os dois grupos viviam numa proximidade cautelosa mas pacífica, apesar da crescente animosidade religiosa noutras partes do subcontinente. Khan era um de sete filhos. O seu pai era um mestre-escola reformado de recursos modestos, com um rosto magro e severo, barba branca e turbante. Era um partidário da Liga Muçulmana e, quando visitava o bazar, avisava os homens de mentalidade semelhante sobre a astúcia de Mahatma Gandhi e a sua ambição de aniquilar os muçulmanos. Estes eram receios comuns na época e reflectiam-se também no lado hindu. Após a Segunda Guerra Mundial, quando a Grã-Bretanha se apressava a retirar-se da sua pesada carga colonial e as facções da Índia se encontravam num impasse sobre a partilha do poder, foi decidida uma divisão que criaria uma nação muçulmana separada, chamada Paquistão, a partir do solo indiano. A nação seria dividida em duas, entre a zona ocidental de maioria muçulmana, principalmente ao longo do rio Indo, e uma zona muçulmana mais pequena, a leste, no delta do Ganges, em Bengala. Tratava-se de uma estratégia de saída pouco convincente, mas melhor do que tentar controlar uma guerra civil total. Foi enviado um funcionário britânico de Londres que, sem qualquer experiência anterior na região, estabeleceu as fronteiras em poucas semanas.

Nessa altura, Khan já era um rapaz da escola e, segundo o seu amigo jornalista Zahid Malik, era um rapaz perfeito. Era devoto, estudioso e respeitador dos seus professores e, para não variar, era também um filho perfeito. Tudo isto e muito mais, acredita Malik, tinha sido previsto. Escreve que, alguns meses após o nascimento de Khan, a sua mãe levou o bebé a um adivinho, conhecido como Maharaj, para ver o seu futuro. Depois de efetuar os cálculos, o Maharaj disse: "O nascimento desta criança trará boa sorte à sua família. A criança tem muita sorte. Vai fazer muitas boas acções na sua vida futura. Vai receber dois tipos de educação". Provavelmente, o Maharaja referia-se à ciência da metalurgia e da física nuclear, ou talvez a um sistema educativo local e estrangeiro.

A cartomante continua: "Até aos oito meses de idade, sofrerá de dores de estômago e de tosse, após o que terá uma vida longa e saudável. Destacar-se-á na sua família e será um motivo de grande orgulho e honra para os seus pais, irmãos e irmãs. Vai fazer um trabalho muito importante e útil para a sua nação e ganhará imenso respeito". Além disso, "Graças à boa sorte do seu filho, em breve será recompensado com uma grande riqueza".

Mas, primeiro, havia problemas a suportar. Na altura da Partição, em 1947, deu-se início a uma das maiores migrações da história da humanidade, quando, em poucos meses, mais de 10 milhões de pessoas - hindus, sikhs e muçulmanos - fugiram à hostilidade das suas antigas comunidades e se organizaram nas novas nações. Deslocaram-se de comboio, de autocarro e a pé. Na ausência do poder governamental, o ódio social da Índia tomou forma e os emigrantes foram atacados por multidões. A história é obscura e altamente propagandeada, mas parece que comboios inteiros foram massacrados de ambos os lados, que as violações foram desenfreadas e que morreram várias centenas de milhares de pessoas. No Paquistão chegaram talvez 7 milhões de muçulmanos, embora traumatizados.

A.Q. Khan não estava inicialmente entre eles: os seus pais optaram por permanecer em Bhopal, onde as suas vidas pareciam suficientemente confortáveis. Mas a cidade já não era realmente a sua casa e, nos anos seguintes, os seus residentes muçulmanos sofreram um assédio crescente por parte dos seus vizinhos hindus e da polícia hindu. Três dos irmãos mais velhos de Khan e uma das suas irmãs acabaram por partir para o Paquistão e, no verão de 1952, depois de ter passado no exame de matrícula, A.Q., com dezasseis anos, seguiu-os. Atravessou a Índia de comboio, com um grupo de outros muçulmanos de Bhopali, que foram intimidados e atacados por funcionários hindus dos caminhos-de-ferro e pela polícia. Foram roubadas jóias e dinheiro aos seus companheiros e as pessoas foram espancadas. Khan perdeu apenas uma caneta, mas a intimidação marcou-o para toda a vida.

A viagem de comboio terminou na cidade fronteiriça de Munabao, para além da qual se estendia uma faixa de cinco milhas de deserto árido e o Paquistão. Zahid Malik descreve a travessia de Khan ao estilo de um épico fundador. Levando os seus sapatos e alguns livros e pertences, o jovem A.Q. caminhou descalço através das areias escaldantes para chegar finalmente à Terra Prometida. Foi viver com um dos seus irmãos em Karachi. A sua mãe chegou pouco tempo depois. O seu pai ficou em Bhopal e morreu lá alguns anos mais tarde. Khan matriculou-se no D.J. Science College de Karachi, onde se destacou.

Nessa altura, o Paquistão tinha cinco anos. Era ainda uma democracia, embora confusa. Já tinha travado e perdido a sua primeira guerra com a Índia por causa do território disputado de Caxemira, uma região montanhosa e predominantemente muçulmana, que, por razões políticas complexas, foi para a Índia na altura da Partição. O Paquistão retirou as lições erradas da derrota no campo de batalha. Nasceu como uma nação pobre e não podia permitir-se a guerra, mas o seu povo odiava a Índia e o seu exército estava a crescer. Em 1958, sob o pretexto de ameaças à nação, o exército paquistanês derrubou o governo democrático e declarou a lei marcial. Não se sabe como Khan reagiu. Tinha vinte e dois anos e frequentava os últimos anos de uma faculdade em Karachi. Acreditava, como muitos paquistaneses ainda acreditam, que a Índia nunca aceitou a divisão do subcontinente e (como dizia aos seus amigos) que os hindus eram uns trapaceiros com desígnios hegemónicos. É possível, portanto, que tenha aceite a necessidade de uma liderança firme. Em anos posteriores, manifestou-se publicamente contra o regime militar, apesar de ter fornecido aos generais paquistaneses a arma suprema e, juntamente com essa arma, uma maior arrogância e força. Mas em 1958 continuava a ser essencialmente um jovem apolítico, empenhado em estudar ciências.

Khan terminou a faculdade em 1960 e, aos vinte e quatro anos, tornou-se inspetor de pesos e medidas em Carachi. Era o tipo de emprego público que poderia ter durado uma vida inteira, mas Khan era mais ambicioso e conseguiu o financiamento para prosseguir os seus estudos no estrangeiro. Em 1961, demitiu-se do seu emprego e voou para a então Berlim Ocidental para estudar engenharia metalúrgica numa universidade técnica. O seu alemão tornou-se fluente. Sente-se só no Paquistão, mas está aberto à experiência de viver na Europa e a fazer novos amigos.

Em 1962, quando estava de férias em Haia, conheceu a mulher que viria a ser a sua esposa. Tinha escrito um postal para casa e, quando perguntou o preço de um selo, foi a desconhecida que apareceu com uma resposta. Era uma rapariga de vinte e poucos anos, de óculos, chamada Henny. Nasceu na África do Sul, filha de expatriados holandeses, e passou a sua infância em África antes de regressar com a família aos Países Baixos. Tinha um passaporte britânico e, embora falasse holandês nativo, vivia na Holanda como estrangeira registada. Ela e Khan corresponderam-se durante alguns meses, após o que aceitou um emprego em Berlim para estar mais perto dele. Passado um ano, regressaram à Holanda, onde Khan se transferiu para uma universidade em Delft para continuar os seus estudos em metalurgia. Em 1963, ele e Henny casaram-se numa modesta cerimónia muçulmana na embaixada do Paquistão em Haia. O casamento foi celebrado por um funcionário da embaixada e testemunhado pelo embaixador, como é habitual para os cidadãos no estrangeiro. Houve uma pequena festa de chá, como era habitual. Khan não tinha ligações especiais com o governo paquistanês e ainda não trabalhava como seu espião.

No entanto, estava a fazer contactos universitários nos domínios da engenharia e das ciências aplicadas e, sem querer, a lançar as bases da rede europeia que ajudaria o Paquistão a produzir armas nucleares. Khan passou quatro anos em Delft, onde obteve um mestrado e aprendeu a falar bem holandês. Em seguida, mudou-se com Henny para Lovaina, na Bélgica, onde prosseguiu os estudos de doutoramento na Universidade Católica com um professor chamado Martin Brabers - um metalúrgico que mais tarde viria a ser (inocentemente, segundo ele) um importante consultor do programa paquistanês de armas nucleares. Na Bélgica, Henny deu à luz duas filhas, com dois anos de diferença. Khan disse que não precisava de um filho e que, dada a sobrepopulação do mundo, duas crianças eram suficientes. Não é um investigador brilhante, mas tem vontade e trabalha arduamente. Durante os seus estudos em Delft e em Lovaina, publicou vinte e três artigos e editou um livro (com Brabers) sobre uma variedade de temas metalúrgicos misteriosos. Os seus superiores ficaram impressionados e os seus amigos também. Para além disso, era afável e extrovertido e, como todos concordavam, um tipo simpático.

Em 1972, Khan obteve o seu doutoramento em engenharia metalúrgica e, depois de ter procurado emprego, foi trabalhar para uma empresa de consultoria de engenharia em Amesterdão, numa área em que os conhecimentos práticos têm um valor especial para a explosão nuclear, chamada Fysisch Dynamisch Onderzoek , ou FDO. Poderia ter entrado para uma universidade, uma siderurgia ou um fabricante de aviões, porque o seu objetivo era certamente fabricar uma bomba. Era um especialista em certas ligas de alta resistência e estava perfeitamente satisfeito por continuar a sê-lo. Estava satisfeito por ter um emprego. Estava satisfeito por ter um emprego. A FDO, no entanto, especializou-se na conceção de ultracentrifugadoras - tubos de rotação rápida que são utilizados para separar e concentrar certos isótopos no urânio gaseificado, em última análise, para produzir urânio enriquecido. Num mundo sem segredos nucleares, o enriquecimento de urânio é, no entanto, uma tarefa particularmente difícil de dominar, e uma área em que os conhecimentos práticos são de especial valor para os aspirantes ao nuclear. Mas as pessoas da FDO não tinham qualquer ligação a armas de qualquer tipo; a sua atividade principal era oferecer os melhores projectos de centrifugadoras possíveis a um consórcio chamado Urenco (Uranium Enrichment Company), que tinha sido fundado dois anos antes conjuntamente pelos governos da Holanda,

Alemanha e Grã-Bretanha para fornecer combustível à indústria de energia nuclear.

Com a ajuda da FDO, a Urenco construiu uma grande fábrica de centrifugadoras de última geração na cidade holandesa de Almelo, na fronteira com a Alemanha, a cerca de uma hora de carro de Amesterdão. O processo, em traços gerais, não é difícil de compreender. O isótopo fissionável conhecido como U-235 existe no urânio natural numa concentração de apenas 0,7%; para efeitos de um reator de produção de energia, a concentração desse isótopo tem de ser quintuplicada, para pelo menos 3%; o truque consiste em isolar e libertar um isótopo semelhante conhecido como U-238, que é infinitamente mais pesado. Ao girar a alta velocidade - impulsionada eletricamente a setenta mil rotações por minuto, em perfeito equilíbrio, sobre rolamentos soberbos, no vácuo, ligada por tubos a milhares de outras unidades que fazem o mesmo - é isto que a centrifugadora consegue. O urânio natural é convertido em gás e alimentado através de uma "cascata" de centrífugas giratórias que o enriquecem progressivamente à medida que flui. Quando se atinge a concentração desejada de U-235, o gás é reconvertido numa forma metálica sólida, agora adequada para alimentar reacções nucleares. Na Urenco, o objetivo era totalmente pacífico. O urânio enriquecido produzido na central de Almelo era um material relativamente suave, concebido para as combustões lentas necessárias para aquecer a água e fazer girar as turbinas das centrais nucleares. Um problema, no entanto, com a tecnologia de enriquecimento é que a mudança para um objetivo militar não requer mais do que uma mudança de mentalidade. É evidente que, uma vez concebidas, instaladas e a funcionar, as centrifugadoras utilizadas na Urenco eram (e são) perfeitamente capazes de continuar o enriquecimento para além da marca comercial e de concentrar o U-235 a mais de 90%, que é o limiar necessário para uma bomba de cisão. De facto, se o seu objetivo fosse, desde o início, construir um arsenal nuclear, utilizaria as mesmas máquinas, permitindo simplesmente que a cascata funcionasse durante mais tempo. No final, teria material para armas, tal como o urânio altamente enriquecido que destruiu Hiroshima - um pedaço de metal cinzento e baço à volta do qual maquinistas competentes poderiam construir uma bomba atómica. Se na Urenco e na FDO o perigo parecia afastado da vida quotidiana, era, no entanto, aceite como uma verdade abstrata. Até os contínuos sabiam que estavam a trabalhar na vanguarda de uma tecnologia que poderia ser usada para pulverizar cidades e rasgar o céu. Por isso, os pormenores operacionais de ambas as empresas eram considerados segredos de Estado e Khan - tal como os outros empregados - precisava de uma autorização de segurança antes de ir trabalhar para lá. Isto acabou por não ser um obstáculo. O serviço de segurança interna holandês efectuou um inquérito sobre os antecedentes e Khan foi aprovado. Desde então, muito se tem falado sobre este facto, como se o inquérito fosse demasiado superficial; mas Khan tinha boas referências e um registo limpo, e nem ele sabia ainda o que lhe ia passar pela cabeça. Tinha trinta e seis anos, era um marido diligente e pai de dois filhos. Mudou-se com a sua família para uma pequena casa numa pequena e agradável cidade e instalou-se para desfrutar de uma vida holandesa tranquila.

Depois, a história veio atrás de Khan. Como tantas vezes, tomou a forma de guerra. Na primavera de 1971, depois de anos de tratamento discriminatório por parte do Ocidente dominante do Paquistão, o Paquistão Oriental revoltou-se e começou a agitar-se pela independência como uma nova nação, chamada Bangladesh. Os militares paquistaneses reagiram com brutalidade e eclodiu uma guerra civil implacável nos deltas e planícies de Bengala. Os combates decorreram de forma inconclusiva durante a maior parte do ano, causando muitas baixas entre a população civil e fazendo com que vários milhões de refugiados atravessassem a fronteira com a Índia. A reputação internacional do Paquistão, que nunca foi elevada, caiu para o nível mais baixo de sempre. Tendo avaliado corretamente o efeito geopolítico desta situação, e encorajada pela sua amizade com a União Soviética, a Índia aproveitou a oportunidade para desmembrar o seu inimigo e montou uma invasão em grande escala do Paquistão Oriental com uma força esmagadora. As batalhas foram curtas. O exército paquistanês, outrora vistoso, entrou em colapso e, em dezembro de 1971, numa cerimónia humilhante realizada num estádio em Dacca, rendeu-se incondicionalmente. Noventa e três mil soldados paquistaneses foram feitos prisioneiros. Para todos os efeitos, nasceu um Bangladesh independente.

Décadas mais tarde, pode parecer óbvio que a perda do Bangladesh foi uma bênção, mas ainda hoje é vista como uma maldição no Paquistão e, na altura, era certamente assim. O trauma foi grave. O regime militar caiu e o maior líder civil do Paquistão - o democraticamente eleito, populista e, alguns diriam, demagógico Zulfikar Ali Bhutto - assumiu o poder. Bhutto era um visionário e parece ter acreditado verdadeiramente que tinha nascido para salvar a nação. As lições que retirou da derrota foram semelhantes às de quase todos os paquistaneses e, portanto, provavelmente também às de A.Q. Khan. Khan ainda estava em Lovaina, a terminar a sua dissertação, mas com os olhos postos na pátria. Durante algum tempo, o Paquistão foi introspetivo e autocrítico, mas assim que as purgas internas foram concluídas, a culpa pelo Bangladesh deslocou-se para o exterior. Um quinto do território do Paquistão e mais de metade da sua população tinham sido perdidos para os astutos hindus, que agora pareciam querer acabar com o resto. Para piorar a situação, o Paquistão tinha sido abandonado pelos seus importantes aliados, a China e os Estados Unidos, cujo poder tinha sido travado pela União Soviética e cujas armas nucleares se tinham revelado inúteis. Apenas as nações islâmicas se tinham juntado ao lado do Paquistão, mas, enquanto grupo, eram fracas e desdenhadas e incapazes de fornecer muito mais do que uma ajuda simbólica. No fim de contas, vinte e quatro anos após a Partição, o Paquistão parecia estar em perigo de vida e não podia, obviamente, contar com mais ninguém a não ser consigo próprio. Vistas do ponto de vista atual de um mundo pós-Guerra Fria, as conclusões tiradas no Paquistão parecem um prenúncio dos tempos modernos.

O que Khan talvez não soubesse, mas Bhutto certamente sabia, era que a Índia tinha chegado a conclusões semelhantes e estava no bom caminho para possuir bombas atómicas. A intenção de as adquirir remontava aparentemente a antes da Partição, quando Jawaharlal Nehru, na expetativa da independência, afirmou: "Espero que os cientistas indianos utilizem a força atómica para fins construtivos, mas se a Índia for ameaçada, tentará inevitavelmente defender-se por todos os meios ao seu dispor". "Atualmente, na literatura sobre a proliferação nuclear, são defendidas posições para explicar por que razão as nações optam por desenvolver armas nucleares. Será por causa da ameaça externa e da defesa estratégica? Prestígio internacional e poder diplomático? Esforço burocrático? Populismo, nacionalismo e a necessidade de impressionar os eleitores nas ruas? Na Índia, parece ter sido tudo isto, com uma ênfase acrescida na defesa estratégica após a humilhante derrota da Índia em 1962 contra a China e o subsequente ensaio de uma arma nuclear pela China em 1964. O programa da Índia foi levado a cabo em semi-secreto, estreitamente ligado a um programa público de produção de energia nuclear e parcialmente mascarado por este: não utilizaria urânio enriquecido como combustível para as suas armas, mas construí-las-ia em torno de núcleos feitos de plutónio, um subproduto dos reactores de urânio que pode ser extraído quimicamente dos seus resíduos radioactivos. No lado recetor, a diferença entre urânio enriquecido e plutónio não teria importância: o primeiro tinha sido utilizado em Hiroshima, o segundo em Nagasaki, e qualquer um dos materiais, devidamente comprimido em algumas bombas de fissão, poderia libertar energia suficiente para devastar o Paquistão. O Paquistão protestou nas capitais de todo o mundo e pediu uma intervenção diplomática, mas em vão. Embora a existência de um programa indiano de material nuclear fosse evidente, não foram impostas sanções e, de facto, o Canadá, a França e os Estados Unidos continuaram a ajudar a Índia nos seus planos de centrais nucleares nominalmente pacíficas.

O Paquistão tinha os seus próprios projectos de centrais nucleares, embora menos desenvolvidos. Na década de 1950, o Presidente Dwight D. Eisenhower lançou um programa, entretanto desacreditado, chamado Átomos para a Paz, segundo o qual os benevolentes Estados Unidos, ao mesmo tempo que garantiam a paz mundial com o seu arsenal nuclear em rápido crescimento, ajudariam os governos com tecnologia e formação no desenvolvimento da produção de energia nuclear - como se essas capacidades não estivessem relacionadas com o desenvolvimento de bombas atómicas. O Paquistão respondeu com a criação da Comissão Paquistanesa de Energia Atómica, conhecida como PAEC, que inicialmente tinha pouco interesse em armas e, na medida em que progredia, concentrava-se de facto nas possibilidades de produção de energia eléctrica. No entanto, em meados da década de 1960, paquistaneses influentes começaram a defender a dissuasão nuclear contra a Índia. Bhutto, que era então Ministro dos Negócios Estrangeiros, proferiu a agora famosa observação de que o Paquistão comeria erva se necessário, mas teria a sua bomba.

Dadas as circunstâncias desesperadas da ascensão de Bhutto ao cargo de primeiro-ministro, em 1971, não é de surpreender que tenha começado quase imediatamente a concretizar esses sonhos. Um mês após a rendição do exército paquistanês no Bangladesh, convocou uma reunião secreta de cerca de setenta cientistas paquistaneses sob um toldo num relvado da cidade do Punjab e pediu-lhes uma bomba nuclear. Não se referia apenas a uma, claro, procurava um arsenal completo e, mais importante, a capacidade de a produzir do princípio ao fim. Embora alguns dissidentes questionassem a sensatez deste caminho, a maior parte dos cientistas reunidos responderam com entusiasmo - e prometeram, de facto, uma entrega num prazo impossível de cinco anos.

Como sempre, o maior problema que enfrentaram não foi a conceção das bombas, mas a aquisição do material cindível necessário para as alimentar. Para gerir o projeto, Bhutto dirigiu-se ao PAEC, que colocou sob a alçada de um novo presidente - um engenheiro nuclear de formação americana chamado Munir Ahmed Khan, que tinha trabalhado durante treze anos para a Agência Internacional de Energia Atómica, a AIEA, em Viena. Munir Ahmed Khan não era parente de A.Q. Khan e acabaria por se tornar seu inimigo, mas nesta altura os dois não se conheciam. Sem instalações disponíveis no Paquistão para o enriquecimento de urânio, Munir Khan e o PAEC lançaram-se em 1972, tal como os indianos, no fabrico de uma bomba de plutónio. Planeavam extrair secretamente o plutónio dos resíduos radioactivos de um pequeno reator de produção de energia, construído no Canadá, que estava a entrar em funcionamento. Embora o Paquistão não fosse signatário de acordos internacionais de não-proliferação, que teriam incluído a supervisão de materiais cindíveis como preço da assistência ao desenvolvimento de uma indústria de energia nuclear, os canadianos tinham exigido que o seu reator fosse colocado sob controlo da IAEA: o seu combustível devia ser contabilizado antes e depois da utilização, para verificar se não estava a ser desviado ou quimicamente alterado. Dada a sua familiaridade com a AIEA, no entanto, Munir Ahmed Khan não estava excessivamente preocupado. presumivelmente, ele acreditava que os controlos seriam suficientemente frouxos, ou que o

Paquistão poderia de alguma forma adquirir secretamente combustível adicional para alimentar o reator. A sua principal necessidade era, portanto, uma central de extração de plutónio - uma instalação que os franceses acabaram por concordar em fornecer.

Não há provas de que A.Q. Khan, atualmente na empresa de consultoria FDO, em Amesterdão, estivesse ainda a par da escalada nuclear no subcontinente indiano. . Mas a 18 de maio de 1974, ocorreu um acontecimento que não deixou margem para dúvidas: sob o deserto do Rajastão, provocadoramente perto da fronteira paquistanesa, a Índia detonou um engenho de fissão à base de plutónio com um rendimento quase idêntico ao da bomba de urânio que destruíra Hiroshima. A primeira-ministra indiana Indira Gandhi estava a assistir. O chão do deserto estremeceu e uma mensagem codificada de sucesso foi enviada para a capital, Nova Deli. Dizia: "O Buda está a sorrir." A Índia explicou ao mundo que se tratara de um teste pacífico e afirmou que um engenho nuclear não é mais inerentemente ameaçador do que qualquer outro explosivo - que o carácter de um engenho depende da utilização a que se destina. A Índia, como vê, é uma nação pacífica. O mundo não ficou convencido, mas pouco fez em resposta.

Longe, em Amesterdão, A.Q. Khan acreditava que o Buda tinha sorrido em antecipação da destruição do Paquistão. Trabalhava na FDO há dois anos e, com o seu acesso à tecnologia da centrifugadora Unrenco, apercebeu-se de que estava em posição de ajudar o Paquistão a enfrentar a ameaça. Aparentemente por sua conta, decidiu agir. Diz-se que, pouco depois do ensaio indiano, procurou um casal de engenheiros paquistaneses seniores, que estavam de visita à Holanda para comprar um túnel de vento, mas quando mencionou os seus antecedentes e expressou o seu desejo de regressar ao Paquistão para ajudar a desenvolver as suas capacidades nucleares, eles desencorajaram-no dizendo que os seus conhecimentos não seriam apreciados e que talvez não conseguisse encontrar emprego. Esta história em particular é típica das que Khan contou mais tarde, com crescente rancor, depois de se ter visto a si próprio na terceira pessoa heróica, como o salvador nacional, lutando contra a perigosa complacência dos outros. Mas a história é suficientemente plausível para ser verdadeira.

Khan não era do género de desistir. No verão de 1974, enviou uma carta ao Primeiro-Ministro Bhutto, apresentando as suas credenciais, resumindo o potencial das centrifugadoras e oferecendo novamente os seus serviços. Bhutto respondeu através da embaixada em Haia. Os dois homens encontraram-se em Karachi em dezembro de 1974, depois de Khan e a sua jovem família terem chegado para umas férias. Khan defendeu um esforço paquistanês para enriquecer urânio - uma via para a bomba, assegurou a Bhutto, que seria mais rápida do que a busca de Munir Khan pelo reprocessamento de plutónio, então em curso. O projeto do plutónio estava em apuros quase desde o início porque os canadianos tinham respondido ao teste nuclear indiano, paradoxalmente, começando a retirar o seu apoio ao reator no Paquistão. O governo paquistanês exprimiu a sua indignação com as acções canadianas, mas não conseguiu escapar ao facto de Bhutto ter renovado publicamente o seu apelo a uma bomba atómica. Munir Khan e os seus engenheiros do PAEC garantiram a Bhutto que podiam fazer funcionar o novo reator sem a ajuda canadiana e insistiram em que, com a instalação francesa de extração de plutónio a caminho, o Paquistão devia manter o seu plano original. Bhutto não discordou, mas viu a vantagem de desenvolver um esforço paralelo de enriquecimento de urânio e decidiu de imediato colocar A.Q. Khan no comando.

E Khan era um empreendedor. Mesmo antes da luz verde de Bhutto, tinha começado a trabalhar. Durante dezasseis dias frutuosos, no outono de 1974, ficou em Almelo numa missão especial para a Urenco, onde ajudou a traduzir do alemão para o neerlandês os planos secretos das centrifugadoras e, no seu tempo livre, passeou livremente pelos edifícios, entre as centrifugadoras e nos escritórios, tirando copiosas notas em urdu. Alguns dos locais que visitou estavam nominalmente fora dos seus limites, mas nem uma única vez foi desafiado. Algumas pessoas perguntaram-lhe sobre o que eram as suas notas e ele respondeu, meio a sério, que estava a escrever cartas para casa.

Depois da sua conversa com Bhutto no Paquistão, Khan regressa a Amesterdão para recolher mais informações. Estamos no início de 1975. Tem trinta e oito anos e é muito apreciado na FDO. Como era seu hábito, chega ao laboratório com postais, rebuçados e outros pequenos presentes para o pessoal. Apesar dos segredos guardados no FDO, o ambiente era ainda mais aberto e descontraído do que na Urenco, sem segurança visível e sem a cultura de suspeição que os governos poderiam querer impor. Um dos caixotes do lixo continha peças de protótipos de centrifugadoras fora de uso - componentes que talvez não estivessem exatamente dentro das especificações. Os empregados tinham a liberdade de retirar daí lembranças para expor nas suas secretárias. Khan começou agora não só a recolher as peças da centrifugadora, mas a levá-las para casa. Presumivelmente, alguns desses componentes foram parar à embaixada do Paquistão, que tinha recebido instruções de Islamabad para ajudar.

Quem foi Frits Veerman?[1]

Foi colega de gabinete do maquinista Khan do FDO em 1975. Veerman era um holandês tipicamente cumpridor da lei. A sua mulher e filhos eram obcecados por Khan. Ele e Khan eram amigos íntimos. Eram companheiros geeks - pelo menos na medida em que as centrifugadoras parecem ter entusiasmado verdadeiramente os dois. Sempre que Khan descobria algo interessante no FDO, ou Veerman descobria, iam juntos estudá-lo e partilhar a sua alegria. Partilhavam também outros entusiasmos. Quando o tempo aquecia e as mulheres de Amesterdão começavam a andar com pouca roupa, os dois amigos iam passear pela cidade, apreciando seriamente a forma feminina. Khan, em particular, era facilmente seduzido e, de vez em quando, ia no encalço de uma mulher, apesar das súplicas de Veerman para que regressasse ao trabalho. Mas Khan era quase de certeza um bom homem de família e, por essa razão, um melhor espião. Na altura, Veerman ainda era solteiro e, por vezes, era convidado para jantar. Henny era menos gregária do que Khan, e um pouco ofuscada por ele, mas era graciosa e educada, e as duas raparigas eram jovens e simpáticas. A família falava inglês em casa. Veerman chegava a casa com dez quilos de queijo, ou mais, porque alguns dos seus familiares eram fabricantes de queijo tradicionais holandeses e Henny tinha um gosto especial por este produto. As refeições consistiam normalmente em frango grelhado e arroz. Khan tinha um gosto especial pelo frango holandês, que acreditava ser melhor do que qualquer outro que tivesse comido no Paquistão.

As bebidas não eram alcoólicas. As cortinas eram deixadas abertas durante a noite, ao estilo das cidades holandesas mais antigas, e a iluminação era mantida alta para que qualquer pessoa que passasse na rua pudesse ver que dentro de casa estava tudo bem. Veerman acreditou praticamente no mesmo durante algum tempo, embora em várias ocasiões tenha reparado em documentos confidenciais numa secretária em casa de Khan, em aparente violação dos procedimentos de segurança do laboratório. Khan explicou uma vez que Henny estava a ajudar na tradução. Estava tão claramente despreocupado em esconder os documentos que Veerman presumiu que Henny tinha sido verificado e aprovado e que provavelmente estava a ser pago Às vezes, outros paquistaneses vinham jantar. Mais tarde, quando o próprio Veerman foi acusado de ter ajudado Khan, agentes dos serviços secretos holandeses mostraram-lhe fotografias dos mesmos homens e disseram-lhe que tinham vindo da embaixada do Paquistão e que eram espiões. Parece provável que, nos mesmos jantares de que Veerman desfrutou, tenham sido recolhidas e levadas plantas e outros documentos. Mas tudo parecia tão normal - tão normal e bem iluminado - que Veerman estava sobretudo contente por ser aceite como amigo. Provavelmente também estava orgulhoso. O padrão era semelhante no laboratório, onde Khan pediu formalmente e por escrito a Veerman que tirasse fotografias detalhadas das centrifugadoras e das suas peças. Tirar fotografias era um dos trabalhos habituais de Veerman e, como tinha um sentido europeu de hierarquia, cumpria-o sem questionar.

A história continuou, quase em tempo real. Naqueles anos, Veerman gostava de passar férias em terras estrangeiras, especialmente quando podia alojar-se com as pessoas locais e ver a vida através dos seus olhos. Não se sentia muito atraído pelo Paquistão, mas quando um dia Khan lhe sugeriu calorosamente que o visitasse e lhe prometeu que poderia ficar com os amigos e a família de Khan, Veerman agarrou a oportunidade. Khan sugeriu-lhe locais a visitar e forneceu-lhe informações sobre voos directos a partir de Londres. Veerman começou a fazer os seus planos.

O Khan devia ter em mente algo mais do que a hospitalidade. Veerman era apenas um amigo do trabalho. Embora parecesse simples, era um técnico de centrifugação altamente especializado, cheio de habilidades úteis e conhecimentos secretos. Em retrospetiva, é óbvio que Khan esperava envolvê-lo ou seduzi-lo de alguma forma, e usá-lo no projeto para construir a bomba paquistanesa. O plano poderia ter funcionado, mas depois Khan ofereceu-se para pagar o voo de Veerman.

Isto foi um erro terrível. É um facto científico que nenhum outro povo, em parte alguma, é tão moralista como os holandeses. É certo que o Paquistão tem a pretensão contrária, mas Khan viveu na Holanda durante quanto tempo? Para dizer o óbvio, Veerman ficou chocado com a oferta de Khan, que recusou imediatamente. Percebeu que uma luz se tinha acendido na sua mente. As deambulações de Khan na FDO e na Urenco voltaram-lhe à memória, assim como os documentos confidenciais em casa de Khan, os seus misteriosos convidados paquistaneses, as frequentes conversas que Khan mantinha em urdu ao telefone do escritório, as fotografias que tinha pedido e o seu próprio entusiasmo pelas centrifugadoras. Veerman lembra-se que Khan usava um grande anel de ouro e que uma vez lhe dissera que, se alguma vez tivesse de fugir, poderia vendê-lo e regressar a casa. Na altura, era uma piada, mas Veerman já não a achava engraçada. Que tipo de homem usa uma fuga no seu dedo? E que tipo de homem se afastaria do abraço gentil da Holanda? De repente, Veerman adivinhou que o seu amigo A.Q. Khan era um espião.

Agora, para Veerman, o risco parecia elevado. Preocupado com a sua própria segurança, inventou uma desculpa para cancelar a viagem ao Paquistão e começou a distanciar-se cautelosamente de Khan. Mas estas eram, na melhor das hipóteses, medidas temporárias. Veerman sabia que, da próxima vez que Khan apresentasse um pedido formal de fotografias, não teria outra hipótese senão ignorá-lo e teria de arranjar razões para o fazer. Além disso, como homem de confiança para lidar com segredos de Estado, ele acreditava que tinha a responsabilidade moral de dar o alarme. A questão era como. Não tinha provas e sentia-se intimidado com a ideia de fazer alegações contra um homem de categoria muito superior. Tanto quanto sabia, nem a Urenco nem a FDO dispunham de procedimentos para tratar de um caso destes, ou para assegurar o seu anonimato.

O Sr. Veerman tentou assegurar-se ele próprio de um telefone público e, sem se identificar, tentou falar com o diretor da fábrica da Urenco em Almelo. Por fim, deixando de lado qualquer tentativa de anonimato, apresentou as suas preocupações pessoalmente ao seu diretor no laboratório. O diretor mostrou-se visivelmente cético, mas disse que iria falar com os seus superiores. Alguns dias depois, procurou Veerman em privado e repreendeu-o. Disse-lhe que tais alegações eram demasiado graves para serem feitas sem provas. Aconselhou Veerman a não criar problemas no laboratório.

O FDO foi vencido pela inércia institucional. Veerman presumiu que as suas advertências não foram registadas. E Veerman teve sorte porque Khan não voltou a pedir-lhe fotografias. Além disso, a relutância do laboratório em confrontar Khan proporcionou a Veeman o anonimato que ele desejava: até ao fim e mais além, Khan nunca suspeitou que o seu amigo o tivesse traído. Mas, mais ou menos na mesma altura, o governo holandês soube que um agente paquistanês a trabalhar a partir da embaixada em Bruxelas tinha tentado comprar um componente especializado para centrifugadoras, cujo conhecimento parecia ter vindo da FDO. Os componentes especializados são raros no sector da construção de bombas. O governo holandês comunicou discretamente a sua preocupação ao laboratório --- com a ressalva, porém, de que as provas eram ambíguas e incompletas. Em outubro de 1975, o FDO finalmente acordou e promoveu Khan a um novo cargo, menos sensível, que o manteria afastado da tecnologia da Urenco. Os anos de Khan na Europa tinham chegado ao fim. No entanto, nunca esteve sob uma pressão tal que tivesse de vender o seu anel e fugir. Dois meses após a sua promoção, em dezembro de 1975, simplesmente levou a sua família de avião para o Paquistão para umas férias de Natal, das quais não regressou.

Nessa altura, Khan já tinha conseguido copiar os planos do mais avançado processo de enriquecimento de urânio conhecido pelo Ocidente. Nas décadas seguintes, o projeto da centrifugadora Urenco serviria de base ao programa de armas nucleares do Paquistão, reapareceria nos programas da Líbia e da Coreia do Norte e apareceria (aparentemente por vias independentes) também no Brasil e no Iraque. Também se deslocaria diretamente do Paquistão para o Irão. A aparência de normalidade na altura era tal que nem a Urenco nem a FDO se aperceberam do que tinha acontecido. Inicialmente, Khan informava do Paquistão que tinha apanhado febre amarela e que teria de prolongar a sua estadia até 1976; mais tarde, explicou que tinha encontrado um novo emprego importante e que, lamentavelmente, se demitiria da FDO a partir de 1 de março. As relações mantiveram-se amistosas porque Khan não tinha tendência para se esquivar e esconder. Ele era narcisista. O seu egocentrismo era tal que, aparentemente, não sentia qualquer arrependimento, mesmo a nível pessoal, pela confiança que tinha traído e recusava-se a acreditar que pessoas decentes - por exemplo, os seus velhos amigos na Europa - pudessem considerar que ele tinha feito algo de errado.

Estas atitudes são anteriores ao seu regresso ao Paquistão. Sabia o suficiente, enquanto estava na Urenco, para mentir sobre a natureza das cartas que enviava para casa, e deve ter tido alguma noção de que poderia ser objeto de um processo judicial, mas era um espião eficaz em grande parte porque, por razões de personalidade, era muito aberto. Os Países Baixos e o Paquistão não eram adversários, é importante notar, e Khan parece ter sentido que estava a levar a cabo um projeto legítimo que não afectava a utch e, nesse sentido, só lhe dizia respeito a ele. Por seu lado, os dirigentes da FDO continuavam confusos. Sabiam que Khan estava agora envolvido num grande projeto governamental no Paquistão e devem ter imaginado que ia construir centrifugadoras. No entanto, continuam a comunicar com ele e, em 1977, depois de terem enviado um representante a Islamabad, chegam a vender-lhe

Instrumentos caros ao estilo de Urenco. Tendo em conta os riscos envolvidos, e a possibilidade da sua própria ruína, não parece que estivessem motivados pela ganância. O mais provável é que estivessem simplesmente com sono.

Veerman, pelo contrário, estava bem acordado e nervoso. À distância, Khan continua a cultivar nele uma fonte de informações secretas. Em janeiro de 1976, escreveu-lhe:[1]

Caro Frits, já passou quase um mês desde que deixámos os Países Baixos e, a pouco e pouco, começo a sentir falta do delicioso frango. Todas as tardes penso: pergunte ao Frits se lhe apetece comer frango

Depois, mais uma carta de conversa, na qual exaltava a beleza primaveril de Islamabad e renovava o convite a Veerman para a visitar. Khan volta a escrever duas vezes e, desta vez, vai direto ao assunto. Numa carta, por exemplo, escreveu:

Muito confidencialmente, peço-lhe que nos ajude. Preciso urgentemente do seguinte para o nosso programa de investigação:

1. Gravuras de pivots:

    (a) Tensão - quantos volts?

    (b) Eletricidade - quantos amperes?

    (c) Quanto tempo demora a gravação?

(d) Solução (electrolítica) de HCl ou de qualquer outra substância adicionada como inibidor:

Se for possível, agradecia que me enviasse 3-4 pivots gravados. Ficar-lhe-ia muito grato se pudesse enviar alguns negativos para o padrão. Terá de receber os negativos destes.

2- Amortecedor inferior . pode fornecer um amortecedor completo da CNOR?> Por favor, dê os meus cumprimentos à Frencken , e tente obter uma peça para mim. Pode pedi-lo, ou obtê-lo em peças. Em todo o caso, gostaria de lhe pedir encarecidamente que me enviasse algumas peças (3 ou 4) de membranas, e algumas peças de molas de aço que são utilizadas no amortecedor

Frits, isto é necessário com muita urgência, sem o que a investigação ficará paralisada. Tenho a certeza de que me pode fornecê-las. Estas duas coisas são muito pequenas, e espero que não me desiluda.

Veerman não respondeu e, em vez disso, levou as cartas ao seu supervisor no laboratório. O supervisor aconselhou-o a cortar completamente o vínculo destruindo as cartas e avisou-o de que, caso contrário, poderia ir parar à prisão. Veerman ignorou com raiva o conselho, guardou as cartas e continuou a pressionar a empresa a tomar medidas. A medida finalmente tomada foi despedir Veerman, porque ele era realmente muito irritante. Durante algum tempo, Veerman ficou desempregado. Durante esse período, foi apanhado por agentes holandeses que seguiam tardiamente o rasto de Khan.

Os agentes levaram Veerman para uma prisão em Amesterdão, onde o interrogaram durante dois dias. Como seria de esperar, o interrogatório tornou-se conflituoso. Os agentes acusaram Veerman de espionagem, mas não foram capazes de o enfrentar e tiveram de recuar perante a sua indignação. Por sua vez, Veerman acusou-os de terem cometido um erro crasso ao deixarem escapar a tecnologia. E para quê, perguntou, para benefício financeiro de algumas empresas holandesas?

Veerman regressou a casa, mas começou a falar com jornalistas locais. Gradualmente, espalhou-se a notícia não só do que Khan poderia ter feito em Amesterdão mas, por extensão lógica, do que poderia estar a fazer agora. Veerman permaneceu sob vigilância dos serviços de segurança holandeses durante mais de um ano. Acabou por se infiltrar na burocracia de uma companhia de seguros de saúde, onde passou o resto da sua vida profissional.

As notícias da imprensa sobre a espionagem de Khan continuaram a surgir e provocaram reacções emocionais de Khan e dos seus amigos, que no final da década de 1970 acreditavam que tinha sido organizada uma campanha de difamação no Ocidente. Em 1980, Khan respondeu a uma notícia publicada no British Observer com uma carta vitriólica ao editor, na qual fingia não estar empenhado num projeto de construção de bombas atómicas. Escreveu:

O artigo sobre o Paquistão publicado na edição de 9.12.1979 por Colin Smith e Shyam Bhaatia era tão vulgar e baixo que considerei um insulto refletir sobre ele. Shyam Bhatia, um bastardo hindu, não conseguiu escrever nada de objetivo sobre o Paquistão. Ambos insinuaram como se a Holanda fosse uma fábrica de bombas atómicas, onde, em vez de bolinhas de queijo, se podiam comprar "mecanismos de detonação".

Pensou por um momento no significado desta palavra? Claro que não, porque não consegue distinguir entre a boca e o buraco negro de um burro,

O estilo aqui era o Early Classic Khan , e indicava um problema crescente que ele tinha em ser discreto. A carta era fumo onde havia fogo. Mas, apesar de uma prevaricação tão óbvia e do facto de Khan ter, de facto, fugido com informações sensíveis, ao abrigo da lei holandesa era difícil provar que Khan tinha sido um espião. Em 1980, o governo holandês emitiu um relatório embaraçado, concluindo que Khan tinha provavelmente roubado projectos de centrifugadoras, mas salientando que as provas continuavam a ser fracas e circunstanciais. Três anos mais tarde, após novas investigações, quando os holandeses finalmente processaram Khan, não foi por espionagem, mas pelas cartas que enviou a Veerman pedindo informações confidenciais. "Tentativa de espionagem" foi o máximo que os procuradores conseguiram alegar de forma convincente. Khan foi condenado à revelia e sentenciado a quatro anos de prisão.

Khan viu forças obscuras em ação. Zahid Malik escreve fielmente: "Este tribunal era composto por três juízes e era presidido por uma mulher judia. Parecia que este processo tinha sido instaurado sob pressão do primeiro-ministro israelita e o seu veredito também foi escrito em Telavive".

Se assim foi, os sionistas foram incarateristicamente desleixados, porque Khan nunca foi devidamente notificado das acusações. Dois anos mais tarde, em 1985, um tribunal de recurso holandês anulou a sua condenação por razões processuais. Khan apareceu na televisão paquistanesa pela primeira de muitas vezes. Afirmou: "Este processo era falso e mal intencionado. Estou feliz por tudo isto ter acabado, porque o meu prestígio, que tinha sido afetado, não só foi agora justificado, como também foram anuladas todas as alegações que estavam a ser feitas contra o programa nuclear do Paquistão". Nem mesmo Khan podia acreditar nestas afirmações, mas Khan sentia-se forte e não podia deixar de se pavonear. Nessa altura, já tinha passado uma década desde o seu regresso da Holanda e, como os serviços secretos estrangeiros estavam a reconhecer, o Paquistão já tinha, nesse curto espaço de tempo, atingido a capacidade de construir bombas nucleares. A aparição de Khan na televisão foi, portanto, uma provocação. Algumas das potências ocidentais tinham arrogantemente previsto que num lugar como o Paquistão isso não poderia ser feito, e Khan - aqui representando abertamente todas as nações subdesenvolvidas do mundo - estava a rir-se perante as câmaras por ter provado que os ocidentais estavam errados.

Quando, um dia, o armamento nuclear dos pobres estiver mais próximo da sua conclusão - quando, digamos, algumas dezenas de países de quarta categoria tiverem adquirido esse poder destrutivo - as pessoas poderão ainda culpar os holandeses, como o fazem hoje, por terem permitido que Khan obtivesse conhecimentos tão perigosos e fugisse. A verdade, porém, é que os roubos de Khan na Holanda não eram mais evitáveis do que os dos espiões soviéticos nos Estados Unidos. Mais profundamente, e tal como noutros casos famosos de espionagem nuclear, os segredos que Khan roubou limitaram-se a fornecer alguns atalhos num caminho que já era bem conhecido. Uma vez que Bhutto decidisse ter a bomba, a sua nação não lhe seria negada. Isto é igualmente verdade para qualquer outro país determinado e para a Coreia do Norte (que detonou a bomba em 2008) e para o Irão, que está a caminho de o fazer. O rápido sucesso de Khan foi particularmente chocante, porque transformou tão rapidamente este pequeno país chamado Paquistão numa espécie de pequeno país com uma arma. Mas, para analisar esse sucesso em profundidade e antecipar a futura disseminação de armas nucleares, não é suficiente concentrarmo-nos na perda de segredos de Estado ou destacar os holandeses.

Khan tem dito repetidamente que os projectos que obteve na Holanda não eram suficientes. Construir os milhares de centrifugadores necessários e depois pô-los a funcionar exigia a resolução de um número incalculável de problemas práticos e o equipamento de uma nova unidade industrial com tecnologia que estava para além das capacidades internas do Paquistão. A solução de Khan, assim que regressou ao Paquistão, foi comprar a tecnologia, aos bocadinhos, a fabricantes e consultores ocidentais.

Sabia onde comprar porque tinha guardado nomes e moradas dos seus anos na Europa, e sabia quem poderia fornecer o quê e porquê. Mais tarde, gabou-se de que foi esse conhecimento e o seu chamado roubo de projectos que mais contribuíram para que o Paquistão pudesse construir a bomba.

As marcas em que trabalhava eram mais cinzentas do que negras, porque, salvo raras excepções, o equipamento e os materiais tinham múltiplas utilizações e só suscitavam dúvidas se a finalidade nuclear fosse declarada abertamente. Para os artigos mais sensíveis, Khan utilizava empresas de fachada, certificados finais falsos e destinos em países terceiros para ocultar a utilização pretendida; mas, geralmente, ele ou os seus agentes simplesmente saíam e compravam o material. A lista era longa: máquinas-ferramentas, ímanes, aço exótico. Bombas de vácuo, rolamentos de esferas, instrumentos de todos os tipos. Os fabricantes que vendiam a Khan, tal como os professores europeus que se tornavam seus consultores, tendiam a ser ingénuos e gananciosos. Os que eram confrontados pelas autoridades ocidentais alegavam invariavelmente acreditar que estavam a ajudar um país empobrecido a prosseguir uma investigação pacífica.

O Paquistão era, de facto, um país empobrecido, tanto mais que gastava uma fortuna com isso. As armas nucleares são baratas em relação à destruição que podem causar, mas, em termos absolutos, são caras. Khan estava disposto a pagar duas ou três vezes mais pelo que comprava, como prémio por trabalhar depressa e na sombra. E ter esse dinheiro era divertido. Gastá-lo dava-lhe poder. Sentia-se, de alguma forma, justificado pelo facto de, nas mesmas nações em que era acusado de espionagem, haver tantas pessoas que, como ele as descrevia, vinham implorar pelo seu negócio. Também não lhe passou despercebido o facto de uma dessas nações ser o antigo senhor colonial do Paquistão e de os pedintes serem brancos. Por vezes, era quase suficiente para fazer um homem ficar contente com o sucesso nuclear, aqui ao lado, de todos aqueles bastardos hindus de pele castanha.

Khan estava particularmente ressentido com duas das potências nucleares tradicionais. Em resposta às críticas ao programa paquistanês, escreveu uma carta amarga em 1979 à revista alemã Der Spiegel , na qual dizia

Gostaria de questionar as atitudes mais santas do que tu dos americanos e dos britânicos. Serão estes sacanas guardiães do mundo nomeados por Deus para armazenar centenas e milhares de ogivas nucleares e têm autoridade dada por Deus para efetuar explosões todos os meses? Se iniciarmos um programa modesto, seremos os Satãs, os demónios.

Khan estava a exagerar os números, mas estava também a exprimir uma opinião amplamente partilhada em muitos países e a colocar uma questão legítima. Desde os anos 60 que a posse de armas nucleares era considerada uma prerrogativa exclusiva dos cinco membros permanentes do Conselho de Segurança da ONU - a União Soviética, a França, a Grã-Bretanha, a China e os Estados Unidos - com uma exceção especial para Israel, que sempre negou prudentemente ter adquirido a bomba. A iniquidade deste acordo foi formalizada em 1970, quando Khan ainda era um estudante licenciado na Bélgica, pelo Tratado de Não Proliferação Nuclear, ou TNP, abertamente discriminatório, que reconhecia a sobreposição entre a produção de energia eléctrica e a construção de armas e tentava controlar a disseminação de combustível cindível e de tecnologia nuclear. O TNP continua a constituir a base dos esforços de não-proliferação a nível mundial. Foi criado no contexto das garantias credíveis da Guerra Fria de respostas em espécie à agressão nuclear - os guarda-chuvas oferecidos pela União Soviética e pelos Estados Unidos à Europa e a alguns dos seus aliados do terceiro mundo. A garantia tem quatro partes essenciais. A primeira proíbe os Estados tradicionalmente sem armas nucleares (ou os 184 que assinaram - a Índia, o Paquistão e Israel nunca o fizeram e a Coreia do Norte retirou-se) de tentarem construir armas nucleares. O segundo garante a esses mesmos Estados que, como consequência da adesão ao tratado, têm o direito de adquirir tecnologia nuclear pacífica - sujeita, no entanto, a inspecções e controlos por parte da agência nuclear das Nações Unidas, a AIEA sediada em Viena, para garantir que os programas civis não estão a ser explorados para objectivos militares secretos. Até agora, a estrutura do tratado parece razoável - pelo menos para os países que não têm intenção imediata de construir bombas. Mas a terceira parte, que é um entendimento operacional, funciona como uma demonstração subversiva do tipo de vantagem política que as armas nucleares podem proporcionar: é uma isenção geral de qualquer intrusão internacional para o tradicional Clube dos Cinco. Finalmente, a quarta parte é uma fraca promessa de que as potências nucleares declaradas irão, de alguma forma, um dia, desarmar-se - abandonando o poder num mundo de sonho sem armas nucleares, que ninguém jamais esperou realisticamente ver.

No Ocidente, as fraquezas do Tratado de Não Proliferação foram compreendidas desde o início. Para que o tratado tivesse peso, teria de ser apoiado pela ameaça de sanções - mas mesmo assim, dada a vontade de países como o Paquistão (ou agora o Irão) de "comer erva" para adquirir tais capacidades militares, era improvável que dissuadisse os aspirantes sérios de procurarem a bomba. A solução residiria, por conseguinte, no complexo domínio dos controlos das exportações - um conjunto global de leis nacionais pouco coordenadas destinadas a autorizar e restringir a venda de materiais e componentes de dupla utilização que, embora aparentemente destinados a fins pacíficos (nucleares ou não nucleares), poderiam ser utilizados no desenvolvimento de um arsenal nuclear. A ênfase deve ser colocada em tecnologias que permitam aos países tornarem-se auto-suficientes em combustíveis nucleares - em instalações de enriquecimento de urânio e de extração de plutónio. A exportação de produtos sensíveis seria permitida aos países que tivessem aderido ao tratado, sujeita ao controlo da AIEA no terreno, mas seria proibida aos países que se recusassem a assinar, como o Paquistão.

A dependência das Nações Unidas colocava problemas operacionais óbvios: a AIEA era uma burocracia politizada, inundada de ciúmes nacionais e composta por defensores do nuclear que se consideravam principalmente empenhados em fornecer esta maravilhosa fonte de energia ao mundo em desenvolvimento, e não em servir de vigilantes. No entanto, no início e em meados da década de 1970, dois grupos de países tecnologicamente avançados (assembleias diplomáticas conhecidas como Comité Zangger e Grupo de Fornecedores Nucleares) começaram a reunir-se para decidir sobre as listas de materiais e equipamentos restritos e para negociar o terreno complicado da implementação nacional e da cooperação entre os governos participantes. Nas décadas que se seguiram, os seus resultados foram díspares. Embora os grupos tenham produzido listas de controlo das exportações cada vez mais extensas, que talvez tenham contribuído para abrandar o comércio nuclear, obrigando-o a passar mais para a clandestinidade, foram entravados pelas burocracias nacionais, atrasados por

A sua ação não se limitou à regulamentação do mercado, mas foi acompanhada pela relutância dos governos em interferir em negócios lucrativos e pela frustração causada pelo grande volume do comércio mundial. Como resultado, o seu trabalho ficou aquém do mercado que pretendiam regular. E em nenhum momento foram páreo para jogadores como AQ Khan.

No entanto, para ser justo com os funcionários ocidentais, Khan revelou-se um homem invulgarmente agressivo. Após o seu regresso ao Paquistão, em dezembro de 1975, passou alguns meses no seio da Comissão Paquistanesa de Energia Atómica, mas ressentiu-se do ritmo lento que aí se verificava. A PAEC tinha-se lançado num estilo bastante ponderado para adquirir plutónio; Khan tinha chegado para procurar o combustível alternativo muito mais rapidamente e concluiu quase de imediato que a PAEC o estava a atrasar intencionalmente. Khan já tinha tendência para confundir os seus próprios objectivos com os da nação e para interpretar a oposição pessoal como algo próximo da traição. Marcou uma reunião privada com o Primeiro-Ministro Bhutto, durante a qual acusou o presidente do PAEC, Munir Ahmed Khan, de trair a confiança do Paquistão. Como mais tarde recordou aos seus amigos, Khan disse: "Munir Ahmed Khan e a sua gente são mentirosos e batoteiros. Não têm qualquer amor pelo país e nem sequer lhe são fiéis. Disseram-lhe um monte de mentiras. Não está a ser feito nenhum trabalho e Munir Ahmed Khan está a enganá-lo". Aparentemente, A.Q. Khan acreditava que Munir Ahmed Khan tinha sido manchado pelos seus anos entre os reguladores da AIEA e que estava a subverter ativamente o programa nuclear do Paquistão. Isto era um disparate, claro, mas uma medida impressionante das ambições e energias de A.Q. Khan. Evidentemente, Bhutto era uma boa avaliadora de homens. Sem nada a ganhar forçando os dois khans a trabalharem juntos e com talvez alguns benefícios a retirar da criação de uma competição, decidiu dar a A.Q. khan total autonomia. Naquele momento, Khan não tinha limites. Com trinta e nove anos de idade, estava prestes a mostrar ao mundo inteiro o que podia fazer.

Em 31 de julho de 1976, Khan fundou os Laboratórios de Investigação de Engenharia, inicialmente para construir e operar uma central de centrifugação à escala real baseada nos projectos roubados à Urenco. Para garantir a sua privacidade, escolheu um local remoto entre colinas com pouca vegetação, a cerca de quarenta quilómetros a sudeste de Islamabad, perto de uma cidade chamada Kahuta. O urânio seria extraído no centro do Paquistão, convertido em gás e depois transportado por camião para ser refinado. O objetivo declarado, se alguém perguntasse, seria produzir combustível pouco enriquecido para reactores de produção de energia - embora fora dos controlos internacionais. Como é habitual nestes países, o que importava não era a aparência da verdade, mas a negação pró-forma. A fábrica deveria ser grande, com um campus completo de edifícios industriais, escritórios e alojamentos para o pessoal. Khan começou a trabalhar imediatamente e em várias frentes - contratação de pessoal, planeamento das instalações, início da construção dos edifícios mais importantes e criação de um projeto-piloto noutro local para resolver os problemas práticos de construção e funcionamento dos primeiros modelos de centrifugadoras. O seu orçamento era aparentemente ilimitado. Chegou a contratar dez mil pessoas. Lançou também uma enorme campanha de compras na Europa e nos Estados Unidos.

É óbvio que o governo dos EUA devia saber o que se estava a passar. Bhutto não tinha escondido as suas ambições e, pela lógica convencional, fazia sentido que o Paquistão adquirisse uma bomba nuclear. Como elemento da estratégia da Guerra Fria, o Paquistão continuava a ser um Estado cliente dos EUA, um pouco irritadiço sob Bhutto, mas apoiado pela ajuda americana e ainda bastante acessível aos diplomatas e funcionários americanos. É razoável supor - e sempre se presumiu no círculo íntimo de Khan que era verdade - que a CIA tinha penetrado no PAEC e na Kahuta desde muito cedo. Dada a dimensão dos programas em curso, isso teria sido fácil de fazer. A visão a partir do interior deve ter sido, de facto, preocupante: apesar de os governos europeus continuarem a assumir que o Paquistão não possuía as competências necessárias, tornou-se claro que o esforço era sério e que era provável que fosse bem sucedido.

Um tal resultado parecia ainda mais preocupante em Washington, D.C., porque Bhutto tinha mencionado com ressentimento a bomba cristã, judaica, hindu e comunista, e existia, portanto, a possibilidade de um engenho paquistanês ser mais do que um contrapeso às armas da Índia - de ser tratado como uma bomba muçulmana a ser espalhada por todo o lado. Aparentemente, outros países tiveram a mesma ideia, embora com esperança e não com medo. Suspeita-se que a Líbia e a Arábia Saudita, por exemplo, tenham financiado Khan numa fase inicial, provavelmente com a expetativa de um regresso. Em todo o caso, no final da década de 1970, à medida que Khan avançava com determinação e os apelos dos EUA para que desistisse eram rejeitados pelo governo de Islamabad. Os responsáveis americanos aperceberam-se de que a única hipótese que tinham de impedir o Paquistão de construir uma bomba era adotar a abordagem do lado da oferta - bloquear as aquisições do Paquistão no estrangeiro.

Bloquear as aquisições dentro dos Estados Unidos revelou-se relativamente fácil porque Khan tinha poucos contactos americanos e as listas internas de controlo das exportações americanas já eram bastante extensas - significativamente mais do que as que tinham sido acordadas nos acordos internacionais com as outras nações fornecedoras. Além disso, no seio das burocracias alfandegárias e comerciais, onde diariamente tais regulamentações eram ou não aplicadas, os funcionários americanos, como representantes de uma potência nuclear dominante, tendiam naturalmente a concordar com a importância da não-proliferação e estavam atentos aos indícios de violações que apareciam na papelada que passava pelas suas secretárias. Como resultado, embora algumas transacções tenham passado despercebidas, o governo dos EUA impediu a maioria das tentativas de aquisição a fornecedores americanos. Algumas empresas foram multadas, mas a intenção era difícil de provar.

O registo do controlo das exportações era completamente diferente na Europa, onde uma constelação de empresas vendia os seus produtos aos paquistaneses, muitas vezes com a aprovação tácita ou explícita dos seus governos. Num livro de fôlego, mas geralmente fiável, intitulado

The Islamic Bomb , publicado em 1981, os repórteres Stevens Weissman e Herbert Krosney contam uma história típica de três agentes de compras de Khan que, em 1976, se dirigiram a uma pequena empresa suíça numa pequena cidade suíça e propuseram comprar as suas válvulas de alto vácuo especializadas com o objetivo expresso de equipar uma fábrica paquistanesa de enriquecimento por centrifugação. A empresa informou as autoridades suíças, que lhe enviaram uma cópia impressa dos seus regulamentos de exportação, incluindo a lista de artigos restritos definida pelo Grupo de Fornecedores Nucleares.

Weissman e Krosney escrevem:

As unidades centrífugas completas constavam da lista e só podiam ser exportadas para instalações de salvaguarda [da AIEA], o que não era o caso da central de enriquecimento paquistanesa. As válvulas de alto vácuo não constavam da lista, mesmo que se destinassem expressamente a uma unidade de enriquecimento por centrifugação. As válvulas poderiam ser necessárias para a centrifugadora, mas, na lógica da lista .... não eram "nuclearmente sensíveis" e não separavam diretamente os dois isótopos diferentes de urânio, o urânio 235 e o urânio 238.

Por outras palavras, a empresa foi informada de que podia proceder à venda, e assim o fez - tal como outras em toda a Europa Ocidental. Na Holanda, uma empresa do sector das transmissões automóveis vendeu ao Paquistão sessenta e quinhentos tubos de aço de alta resistência - tubos que poderiam servir como componentes básicos de centrifugadoras. O governo holandês sabia do negócio e desaconselhou-o, mas a empresa enviou os tubos na mesma e argumentou que não era necessária qualquer licença de exportação ao abrigo da lei holandesa. Para aumentar a frustração, verificou-se que a empresa tinha razão. O seu argumento foi aceite e os outros envios foram efectuados sem demora. Anos mais tarde, os holandeses avançaram finalmente com alguns processos insignificantes, incluindo um que levou à condenação de um empresário holandês chamado Henk Slebos por ter exportado ilegalmente um osciloscópio Tektronix de fabrico americano em 1983. Slebos era um amigo pessoal de Khan e um dos seus principais fornecedores europeus. Foi condenado a um ano de prisão, mas nunca cumpriu a pena e continuou a enviar descaradamente equipamento para o Paquistão. A atenção foi tão reduzida que o próprio Khan continuou a visitar a Europa mesmo antes de a sua condenação por espionagem ter sido anulada, em 1985.

Foi este o cenário com que se confrontaram os responsáveis americanos no mercado nuclear mundial, quando se debatiam com a inadequação da abordagem das Nações Unidas e tentavam, através de súplicas privadas aos governos europeus, impedir a disseminação de armas nucleares. Foram prejudicados, tal como o são hoje, pelos milhares de ogivas nucleares que os Estados Unidos insistiam em manter para si próprios e pelo ressentimento que uma tão óbvia duplicidade de critérios provocou mesmo durante a Guerra Fria, e em países como a Alemanha e os Países Baixos, que se diziam beneficiários directos da força nuclear americana. Os funcionários americanos tiveram alguns sucessos - particularmente em 1977, quando pressionaram os franceses a desistir do lucrativo acordo para fornecer a Munir Ahmed Khan uma fábrica de processamento de plutónio há muito desejada. O cancelamento francês atrasou o plano de armas nucleares do PAEC em uma década ou mais. Na verdade, o golpe contra o PAEC serviu apenas para fortalecer A.Q. Khan na sua busca acelerada de objectivos alternativos.

A verdade é que pouco se podia fazer para dissuadir o Paquistão do seu rumo... não que a inutilidade das tentativas fosse uma razão convincente para abandonar a tentativa. Para a França, o custo de anular o negócio do plutónio era de vários milhares de milhões de dólares, devido à perda dos contratos associados a produtos franceses, como aviões e camiões. A decisão foi ainda mais difícil. Porque, com a sua pequena e independente force de frappe, a França encarnava o direito, e talvez a necessidade, de as nações independentes possuírem armas nucleares. A ambivalência da França era tal que se recusou mesmo a aderir ao Tratado de Não Proliferação, embora, como membro do clube dos Cinco, tivesse sido privilegiada. No entanto, em 1977, enquanto potência estabelecida e com pretensões de relevância diplomática, a França não teve outra alternativa senão afastar-se do PAEC quando foi confrontada com provas das ambições do Paquistão. Segundo as estimativas americanas, desta vez a França comportou-se bem.

A Alemanha Ocidental, porém, não o fez. Tinham decorrido trinta anos desde a Segunda Guerra Mundial, a economia alemã era forte e o governo tinha iniciado um ambicioso programa de autossuficiência energética, que deveria ser alcançado em grande parte através da produção de energia nuclear. A Alemanha aderiu ao Tratado de Não

Proliferação em 1970, mas desde o início preocupou-se quase exclusivamente com as disposições que promoviam o direito dos Estados membros a adquirir tecnologia nuclear para fins pacíficos. Na prática, o governo alemão não fez uma distinção rigorosa entre os países que eram membros e os que não eram. Em meados da década de 1970, celebrou um importante acordo nuclear com o Brasil, que não tinha aderido ao Tratado mas que, neste caso, concordou em aceitar as salvaguardas da AIEA como se o tivesse feito. Essas salvaguardas eram fracas, e toda a gente o sabia. No entanto, a Alemanha ia vender ao Brasil nada menos do que oito reactores nucleares, uma central de enriquecimento de urânio, uma central de fabrico de combustível e instalações de reprocessamento de plutónio. Presumivelmente, as centrifugadoras seriam do mesmo modelo da Urenco que A.Q. Khan estava a roubar para o Paquistão nessa mesma altura.

Os funcionários americanos estavam zangados porque tinham indicações de que o Brasil estava secretamente a procurar uma bomba. Tal como a Argentina, que tinha rejeitado o Tratado de Não Proliferação como "o desarmamento dos desarmados". Mas quando os americanos levaram a sua preocupação a Bona, os alemães reagiram com ceticismo e disseram que iriam prosseguir com o acordo. Os alemães cederam e, com relutância, deixaram os contratos da Brazilia à deriva. Quinze anos mais tarde, por razões de política interna, tanto o Brasil como a Argentina renunciaram formalmente às suas ambições em matéria de armas nucleares - pelo menos durante algum tempo.

Mas os alemães estavam cada vez mais inquietos. Reflectindo um sentimento generalizado na Europa, ressentiam-se do poder desproporcionado dos Estados Unidos e suspeitavam que os americanos pretendiam utilizar a questão da não-proliferação para dominar o mercado mundial livre de combustíveis nucleares pacíficos. A fundação da Urenco foi um ato de resistência a essa dominação. O ressentimento em relação aos Estados Unidos era maior não entre os decisores políticos nacionais, que por vezes podiam ser influenciados, mas no seio da burocracia europeia, entre os diplomatas e funcionários comuns que tratavam dos assuntos quotidianos do governo e eram em grande parte imunes à pressão americana. Era a esse nível - ou inferior - que a rede de compras do Paquistão operava e que as tentativas americanas de travar Khan falharam completamente. O padrão era repetitivo. Sempre que os analistas dos serviços secretos americanos descobriam que uma ou outra empresa estava prestes a exportar dispositivos para o Paquistão, os funcionários americanos transmitiam a informação em memorandos aos seus homólogos europeus, esperando que as transacções fossem travadas. Nalguns casos, os europeus recusaram-se a agir porque as vendas eram inequivocamente legais. Em muitos outros casos, porém, a interpretação era possível e, com suficiente empenhamento e energia por parte dos funcionários governamentais, as empresas poderiam ter sido abordadas e avisadas. Em vez disso, os europeus cerraram fileiras. A sua atitude para com os funcionários americanos era eles contra nós. Os memorandos foram metidos em gavetas, e as gavetas foram fechadas.

Em Islamabad, AQ Khan estava em alta. A importância do seu trabalho era tal que parecia estar a salvo dos perigos políticos do Paquistão. O seu mentor, Zulfikar Bhutto, foi derrubado em 1977 e mais tarde enforcado, mas o novo ditador, o general Zia ul haq, mostrou-se igualmente empenhado na bomba. Cortando a ajuda externa durante um ano, a partir de setembro de 1977, os Estados Unidos tentaram forçar Zia a cancelar o plano francês de plutónio, mas o efeito foi apenas o de aumentar a determinação nuclear do Paquistão. As pessoas não gostam de ser pressionadas. Em abril de 1979, os Estados Unidos tentaram pela segunda vez, suspendendo a ajuda devido às actividades nucleares do Paquistão - mas apenas oito meses depois, no dia de Natal, a União Soviética invadiu o Afeganistão e, de repente, pareceu a Washington que estavam em jogo questões mais importantes. A ajuda foi retomada e a não-proliferação nuclear foi silenciosamente desvalorizada, pois na década seguinte o Paquistão ajudou a sangrar a União Soviética em nome dos Estados Unidos. Muito se tem escrito sobre a insensatez dessa troca - e certamente que a sensatez da guerra do Afeganistão será discutida durante anos - mas a verdade é que nada do que os Estados Unidos tivessem feito ou pudessem fazer iria impedir o Paquistão de adquirir armas nucleares. Na altura, como agora, os Estados Unidos simplesmente não tinham poder para o fazer.

Khan, por exemplo, nunca duvidou do seu sucesso. Desde que lhe fosse concedida autonomia e o orçamento que exigia, iria construir a bomba. Acredita-se que, já em 1978, poderá ter posto em funcionamento um protótipo de centrifugadora e ter conseguido mostrar algum aumento na concentração do isótopo U-235. Três anos mais tarde, em 1981, a fábrica de produção em Kahuta estava pronta a arrancar, e com tal promessa que o General Zia lhe deu o nome de Laboratórios de Investigação Khan. Este foi o tipo de gesto que deixou Khan extremamente orgulhoso. O trabalho continuou. Houve dificuldades em equilibrar as centrifugadoras, terramotos e inundações, mas em poucos anos a Kahuta tinha talvez dez mil centrifugadoras instaladas e já um bom número delas estava ligado em cascata. Por volta de 1982, a central produziu o primeiro combustível para armas do Paquistão, alguns quilos enriquecidos a 90% ou mais. Em 1984, estava a produzir material fissionável suficiente para construir várias bombas por ano. Khan também não negligenciou a necessidade de uma arma que pudesse utilizar este material. A sua bomba era um dispositivo de implosão, baseado num projeto chinês simples, com um núcleo de urânio enriquecido do tamanho de uma bola de futebol rodeado por um conjunto simétrico de altos explosivos ligados a um interrutor de alta tensão para serem accionados todos de uma vez. Em breve, iria também trabalhar num míssil.

Mas Khan tinha um problema, que lhe estava a enojar a alma. Apesar das suas repetidas tentativas de desacreditar Munir Ahmed Khan, o PAEC continuava a dirigir oficialmente o programa de armas nucleares do Paquistão. Tendo sofrido um retrocesso com o cancelamento da central de extração francesa, tinha reiniciado a procura de uma central de reprocessamento de plutónio - um objetivo que, se fosse alcançado, diminuiria a importância de A.Q. Khan e relegaria Kahuta para a posição de mero fornecedor de urânio enriquecido na longa cadeia de produção necessária para produzir plutónio como combustível para as armas nucleares do Paquistão. Igualmente preocupante é o facto de o PAEC estar a conceber um míssil e a desenvolver a sua ogiva - uma baseada em plutónio, mas tão semelhante à da Kahuta que A.Q. Khan concluiu que o PAEC lhe tinha roubado o sinal. Khan ripostou com emoção transparente, e cada vez mais em público. O seu substituto Zahid Malik, por exemplo, publicou esta descrição de Munir Ahmed Khan.[1]

Embora alguns dos seus amigos leais o considerem um bom administrador (ou um manipulador astuto), ninguém o aceita como um bom cientista. Não tem valores morais e é muito invejoso. Pode até ser cruel quando se trata dos seus interesses pessoais. Segundo o autor de "The Islamic Bomb", o Dr. I.H. Usmani declarou que Munir Ahmed Khan era um mentiroso e um egoísta que desgraçou o Paquistão a nível internacional com as suas conspirações. Segundo estes autores, é um homem traiçoeiro e o tempo mostrou que não só enganou o Sr. Bhutto como também criou muitos problemas ao Paquistão no desenvolvimento da energia e da capacidade nucleares. O Sr. Goldschmidt, Diretor-Geral da Comissão Francesa da Energia Atómica, afirmou: "Nunca confiei em nada do que Munir Khan dizia. Conseguia mentir com charme. Nunca acreditei numa palavra do que ele disse".

Mas se o Paquistão estava a ser desonrado, era por causa de manifestações tão grosseiras e infantis. Em que tipo de sociedade é que as elites considerariam que uma tal caraterização poderia parecer credível e deveria ser publicada? A conclusão óbvia é que, social e intelectualmente, o Paquistão era um lugar extremamente primitivo. É importante notar que, apesar disso, o Paquistão era capaz de se tornar rapidamente uma potência nuclear.

Khan devia saber que Bhutto e agora Zia o estavam a enganar, e a rivalidade que sentia com o PAEC permitiu que a liderança política do Paquistão o fizesse de parvo. Mas, aparentemente, Khan não conseguiu evitar. O seu ego estava inflamado. Tinha desenvolvido uma tal necessidade de poder e de reconhecimento que simplesmente não havia lugar para mais ninguém. Era frustrante para ele o facto de o trabalho com armas em Kahuta ser supostamente secreto, porque isso significava que não podia gritar ao mundo tão alto quanto gostaria. Nas suas entrevistas e discursos, que eram cada vez mais frequentes, tinha a mania de insistir que o urânio estava a ser enriquecido a apenas 3,5%, e puramente para fins pacíficos, mas depois deixava o seu orgulho levar a melhor e passava a discutir longamente a lógica e a tecnologia das armas nucleares. O padrão era estranho. Em parte, resultava de uma posição deliberada de ambiguidade nuclear, semelhante à opção israelita de não confirmar nem negar, mas, na medida em que Khan continuava a falar e a falar, também reflectia as suas necessidades pessoais. Era fraco a guardar segredos porque se mostrava demasiado esperto quando mentia. Estava demasiado ansioso por reclamar crédito. As suas negações não eram para ser acreditadas. O que ele parecia estar a dizer era: "Temos a bomba, e por minha causa.

Em 1986, o Paquistão tinha ultrapassado o limiar e estava em condições de fabricar vários engenhos nucleares. Não os anunciou nem os testou, mas depressa pôs em prática a sua nova força, quando, no final do ano, a Índia organizou um grande e ameaçador exercício militar nas planícies ao longo das fronteiras do Paquistão. O exercício foi apelidado de "brass-tacks", como em "getting down to....". O Paquistão respondeu com a mobilização das suas próprias tropas e, aparentemente, emitiu um aviso nuclear velado. O aviso foi dado numa entrevista que Khan concedeu na sua casa em Islamabad a um jornalista indiano independente. De acordo com o repórter, Khan reiterou as afirmações anteriores de que o Paquistão tinha conseguido enriquecer urânio até ao nível de uma arma e acrescentou: "Ninguém pode desfazer o Paquistão, ou tomar-nos como garantidos agora... E deixe-me dizer-lhe que também houve mensagens exteriores". Apesar dos subsequentes desmentidos paquistaneses, os indianos afirmaram que os seus diplomatas ouviram ameaças semelhantes ao mesmo tempo em Islamabad. É claro que usaremos a bomba se a nossa existência for ameaçada". Aí

Além disso, no auge das tensões, quando os exércitos opostos se encontravam frente a frente ao longo da fronteira e a Índia ponderava seriamente a possibilidade de um ataque preventivo, o General Zia foi a um jogo de críquete entre a Índia e o Paquistão na Índia, onde se sentou ao lado de Rajiv Gandhi e, segundo se alega, a certa altura inclinou-se e disse: "Se as vossas forças atravessarem a nossa fronteira por um centímetro, aniquilaremos as vossas cidades". Quer tenha ou não proferido estas palavras, acredita-se amplamente que o fez. A Índia retirou rapidamente o seu exército e, quando a crise terminou, o Paquistão tinha emergido como um orgulhoso novo Estado com armas nucleares.

Zia morreu num misterioso acidente de avião em 1988, e o Paquistão entrou numa década de turbulência política, durante a qual suportou vários governos corruptos e incompetentes, com o exército a deter o poder real em segundo plano. Durante algum tempo, nos Estados Unidos, a Casa Branca continuou a certificar ao Congresso, como fazia desde o início da guerra por procuração no Afeganistão, que o Paquistão não possuía armas nucleares.

A manutenção dessa ficção era um requisito anual para o fornecimento de ajuda financeira ao Paquistão. Mas depois de os soviéticos se terem retirado do Afeganistão, em 1989, a ficção deixou de parecer necessária e, com as preocupações sobre a proliferação nuclear a predominarem de novo, a ajuda americana foi cortada. O corte poupou algum dinheiro aos contribuintes americanos, mas foi esvaziado de peso moral pela própria posição nuclear dos Estados Unidos e, no Paquistão, como de costume, não conseguiu alcançar os resultados desejados. Para Khan, as novas sanções tornaram-se um motivo de orgulho. Nunca tinha sido particularmente religioso, mas a sua política estava a tornar-se cada vez mais muçulmana e desafiadora.

Um general paquistanês perguntou-lhe se se importava com as descrições que lhe eram feitas no Ocidente como o malvado Dr. Strangelove. Khan respondeu de forma bastante precisa: "não gostam do nosso Deus. Não gostam do nosso Profeta. Não gostam dos nossos líderes nacionais. E não admira que não gostem de quem tenta colocar o seu país num caminho independente e autossuficiente. Enquanto tiver a certeza de que estou a fazer um bom trabalho para o meu país, ignorarei todas essas insinuações e concentrar-me-ei no meu trabalho".
'

E concentrou-se. Perante o aumento dos controlos das exportações na década de 1990, Khan não se esquivou, mas expandiu a sua rede global de aquisições, tornando-a em grande parte clandestina. Em Kahuta, continuou a melhorar a instalação de centrifugação, a aperfeiçoar os projectos de ogivas do laboratório e a desenvolver um míssil balístico alternativo ao que estava a ser construído pelo PAEC. Também levou o laboratório a conceber e fabricar uma variedade de armas convencionais, incluindo mísseis terra-ar, armas antitanque, lançadores de foguetes com vários canos, telémetros a laser, miras a laser, blindagem reactiva, cargas de desminagem e munições para tanques que perfuram blindagens. A nível civil, a Kahuta dedicou-se ao fabrico de circuitos electrónicos, interruptores e fontes de alimentação industriais e compressores para aparelhos de ar condicionado de janela. Em 1992, criou mesmo uma Divisão de Engenharia Biomédica e Genética. Além disso, começou a realizar seminários e conferências sobre temas relacionados com o enriquecimento de urânio, incluindo seis Simpósios Internacionais sobre Materiais Avançados; dois Simpósios Internacionais sobre Vibrações Mecânicas; a Conferência Internacional sobre Transformações de Fase; três Cursos de Vácuo, alguns em cooperação com a Sociedade de Vácuo do Paquistão; e, finalmente, o favorito de todos os construtores de bombas, a Conferência Nacional sobre Vibrações em Máquinas Rotativas.

Por outras palavras, Khan estava a ir muito bem. E estava a divertir-se. A posição nuclear do Paquistão continuava a ser oficialmente ambígua, mas uma vez impostas as sanções americanas, Khan tinha mais liberdade para se elogiar a si próprio pelo que tinha feito. A notícia espalhou-se pelas ruas até que até as pessoas comuns conheciam este grande homem, e algumas reconheciam-no quando ele passava nas suas cavalgadas, rodeado de fiéis e guardas. Medalhas e prémios foram-lhe entregues, e cada um deles ele contava, e todos, ele sentia que eram justificados. Acabou por receber seis doutoramentos honoris causa, quarenta e cinco medalhas de ouro, três coroas de ouro e, por duas vezes, o Nishan -i-Imtiaz, a mais alta condecoração civil do Paquistão. Jogou a sua fama pelo que ela valia. Foi nesta época que começou a comprar casas e carros de luxo e a conceder subsídios a hospitais, mesquitas e escolas. Partilhou a sua sabedoria abertamente, em muitas ocasiões públicas. Fez parte dos conselhos directivos de mais de duas dúzias de universidades e institutos. Era amável, encantador e, por vezes, aparentemente humilde - embora de uma forma que os políticos podem ser, sem o serem de todo. Quando as pessoas o visitavam no seu gabinete, dava-lhes fotografias suas. Quando essas pessoas eram jornalistas, deixava-os bajular.

Em maio de 1998, durante dois dias, a Índia quebrou um hiato de vinte e quatro anos e testou cinco bombas atómicas. A maior delas era alegadamente um dispositivo termonuclear (de fusão) com uma potência reduzida de quarenta e três quilotoneladas. A sua capacidade de destruição era cerca de três vezes superior à de Hiroshima. Uma potência reduzida é uma potência que, na guerra, pode ser aumentada. Após o ensaio, analistas independentes manifestaram ceticismo quanto à dimensão e natureza das explosões, mas estas eram questões técnicas de pouca importância quando comparadas com a nova realidade política de uma Índia que queria fazer uma tal demonstração do seu poder militar. Apenas algumas semanas antes, o laboratório de Khan tinha disparado com sucesso o seu novo míssil de alcance intermédio (um derivado norte-coreano apelidado de Ghauri) num voo inaugural de quinhentas milhas, ao qual Khan tinha dado seguimento com o seu típico ruído de sabre e fanfarronice. Com um alcance total de mil milhas, o seu míssil, transportando a sua bomba, poderia devastar Mumbai, Deli e uma série de outras cidades indianas, incluindo Bhopal. O voo do míssil não parece, no entanto, ter influenciado fortemente a decisão dos indianos de efetuar o teste - em parte porque desdenhavam Khan como um fala-barato e um palhaço. De facto, os preparativos físicos na Índia estavam em curso há um mês e a decisão de avançar foi tomada por razões de política interna pelos líderes inseguros do partido nacionalista hindu no poder, o BJP, que queriam impressionar as massas com a sua força. Depois dos testes, o júbilo foi generalizado nas ruas. Os festejadores ignoraram a possibilidade de que, da próxima vez que uma arma nuclear fosse accionada na Índia, poderia estar a cair do Paquistão e a vaporizá-los.

No Paquistão, os testes indianos foram vistos como uma ameaça direta e concreta. Foi dada especial atenção a um entusiasmado ministro indiano da Administração Interna, L.K. Advani, que declarou que Islamabad teria de se submeter a esta realidade, em especial porque afectava a disputa sobre o território de Caxemira, e que as tropas indianas passariam a perseguir os insurrectos de Caxemira, atravessando a fronteira com o Paquistão. Lá se vai o efeito moderador das bombas atómicas. Como parte do pacote, a imprensa indiana estava cheia de provocações, desafiando os paquistaneses a mostrar, se pudessem, que o seu arsenal nuclear era mais do que um bluff. De qualquer das formas, os indianos achavam que ficariam a ganhar. Se os paquistaneses não testassem agora um engenho nuclear, demonstrariam a sua fraqueza, com consequências deliciosas para o equilíbrio de poder local. Se testassem, e com sucesso, juntar-se-iam à Índia como alvo de sanções internacionais, mas sofreriam desproporcionadamente devido à sua maior dependência da caridade do mundo.

Os paquistaneses sabiam que estavam num beco sem saída. Tinham armas prontas a disparar e tinham preparado um local de teste anos antes, perfurando um túnel horizontal no centro de uma montanha deserta, num distrito remoto chamado Chagai, na província sudoeste do Baluchistão. No entanto, estavam a receber avisos claros de que, se respondessem à Índia na mesma moeda, perderiam não só a ajuda direta americana, que tinha vindo a aumentar lentamente desde o último corte, mas também as grandes injecções de dinheiro de outras nações doadoras e de organizações internacionais de crédito que mantinham viva a economia do Paquistão. Um raro debate público eclodiu entre as elites paquistanesas, durante o qual uma "fação da paz" instou os líderes do país a assumirem uma posição moral elevada e a deixarem que a Índia assumisse sozinha a responsabilidade. O primeiro-ministro, Nawaz Sharif, que em breve seria destituído, aceitou os repetidos apelos de Bill Clinton e Tony Blair, que lhe pediram o mesmo. Sharif esperava obter incentivos positivos - garantias sólidas de segurança e compensações financeiras - e foram-lhe prometidos alguns. No entanto, o sentimento público era esmagadoramente a favor de um teste, tal como o sentimento no seio do exército - o verdadeiro centro de poder do Paquistão. Após várias semanas de hesitação, a lógica do subcontinente prevaleceu e Sharif decidiu avançar.

Na noite de 27 de maio de 1998, poucas horas antes do teste programado, os serviços secretos sauditas informaram-nos de que caças israelitas, voando em nome da Índia (claro), estavam a caminho para destruir as instalações nucleares do Paquistão - especificamente o laboratório em Kahuta e o local de testes em Chagai. O Paquistão fez descolar os seus próprios caças e retirou os seus mísseis dos abrigos, preparando-os para o lançamento. Meses mais tarde, Khan deu uma entrevista na qual terá dito que, nessa noite, em Kahuta, tinham sido carregadas ogivas nucleares nos Ghauris --- uma declaração que posteriormente desmentiu e que, por razões técnicas, parece duvidosa. Em todo o caso, os indianos responderam imediatamente preparando os seus próprios aviões e mísseis e, durante algumas horas, os países estiveram perto de uma troca nuclear.

Se isso tivesse acontecido, teria sido exatamente o tipo de guerra absurda que as pessoas receiam que resulte da disseminação global de armas nucleares em países como o Paquistão - lugares com instituições políticas e militares inseguras, sistemas de comando e controlo primitivos, fontes de informação inadequadas e janelas de resposta ultra-curtas aos seus vizinhos nucleares. Parece, portanto, especialmente significativo que, na noite de 27 de maio de 1998, os dirigentes do Paquistão tenham tido o bom senso de hesitar e pegar nos seus telefones. Os Estados Unidos e outras nações garantiram-lhes que estavam seguros, o ataque israelita nunca se concretizou e o dia 28 de maio amanheceu normalmente, para os habitantes das grandes cidades de ambos os lados da fronteira.

Nessa mesma tarde, um pequeno grupo de paquistaneses associados ao programa de armamento, incluindo, claro, A.Q. Khan, reuniu-se num bunker de betão em Chagai, de frente para a montanha escolhida, a sete milhas de distância. Mais tarde, o Paquistão informou que cinco bombas nucleares tinham sido colocadas dentro do túnel de teste, onde este se ligava de forma abrupta, a oitocentos pés abaixo do pico da montanha. As bombas eram dispositivos de fissão, baseados no projeto da Kahuta ou do PAEC, ou em ambos, e continham urânio altamente enriquecido, embora exista a possibilidade remota de ter sido testado um dispositivo de plutónio. Os pormenores permanecem secretos. Diz-se que uma bomba era grande e quatro eram pequenas. Estavam preparadas para detonar em simultâneo - uma solução prática que, no entanto, deu origem a disputas intermináveis sobre o número efetivo de bombas. O número oficial de cinco pretendia igualar a contagem da Índia - com a surpresa especial de uma sexta bomba testada noutro local dois dias mais tarde para aumentar o resultado. o túnel foi selado com pesados tampões de betão. Às 15h15, um técnico do PAEC, diretamente subordinado a Samar Mubarakmand, responsável pelo local do ensaio, carregou no botão dizendo "Allah o Akbar" - Deus é grande. Após um atraso de trinta e cinco segundos (durante o qual se diz que alguns observadores rezaram), a montanha levantou-se, envolvendo-se em poeira e o posto de comando abanou. Quando a poeira assentou, a cor da montanha tinha-se tornado branca. Ao anunciar a notícia, o Paquistão reivindicou um rendimento total que era aproximadamente igual ao da Índia, é claro. Analistas independentes diminuíram o rendimento real por um fator de três - mas e daí? Até ao Cairo, os muçulmanos dançaram nas ruas.

Após o teste, Khan posou para fotografias com a montanha atrás de si. Parecia mais subjugado do que satisfeito. Deveria ter sido o seu momento, o apogeu da sua vida, e uma ocasião para toda a nação louvar o seu nome. Khan o Akbar, deveriam ter-lhe dito; o Islão tem a sua bomba e o Paquistão está salvo. De facto, o povo agradece-lhe e, nos anos seguintes, pela aparência exterior, ele ascende a novos patamares de glória e fama. Mas começava agora a enfrentar sérios problemas - forças políticas que acabariam por o levar à prisão e à desgraça - e um pequeno e claro aviso tinha-lhe sido lançado nesse dia: o controlo do teste tinha sido claramente atribuído ao traiçoeiro - não, traidor -PAEC. Nessa altura, Munir Ahmed Khan já estava reformado há sete anos, mas a rivalidade institucional não tinha diminuído. Agora, este Samar Mubarakmand, um funcionário do PAEC, um traidor, um idiota, tinha caído de para-quedas para dirigir o local. Foi a Mubarakmand que foi dada a honra de orquestrar o evento. E Khan foi autorizado a visitar o local como "cortesia".

Este tratamento continuou depois de Khan ter regressado a Islamabad. Não houve uma delegação oficial para o receber. Essa receção foi reservada a Mubarakmand , que chegou mais tarde e foi recebido pelo primeiro-ministro e por uma multidão de centenas de pessoas que o aplaudiram. Khan, pelo contrário, foi recebido por um pequeno grupo de amigos da fábrica de Kahuta, que o esperaram no "VVIP Lounge" e depois o acompanharam a sua casa para tomar chá com Henny. Khan parecia abatido, talvez porque a quase guerra nuclear o tivesse mantido acordado na noite anterior, mas mais provavelmente devido à frustração do dia. De qualquer forma, não estava no seu estado normal de irreprimibilidade. Um dos seus companheiros de chá contou-me recentemente que tinha perguntado a Khan, preocupado, o que se passava e que Khan não tinha respondido. Foi um choque, disse ele, porque pela primeira vez Khan parecia incerto.

Mas olhando agora para trás, quase uma década e meia depois, a resposta pode ser conhecida. No Paquistão, as pessoas percebem mais do que precisam de admitir em voz alta. Há entendimentos culturais sobre o que se passa nas casas nas margens do abastecimento de água potável de Rawalpindi. O Paquistão tinha a sua bomba, e era uma coisa boa, mas a utilidade de Khan estava quase a acabar. Era um patriota genuíno, muito admirável, mas demasiado forte para o bem de todos. Estava fora de controlo? Não exatamente, ele estava a expandir o negócio nuclear por todo o mundo, mas com o conhecimento de outros militares e do governo. De momento, só precisava de ser lembrado de poderes superiores. Estávamos em 1998, e ainda não se pensava que ele teria de ser destruído.

Referência: Capítulo VII

[1] William Langewiesche :" Publicado pelo Penguin Group , Londres, Reino Unido (2007)

CAPÍTULO 8: O APERTO DA MÃO MORTA:

Quando Mikhail Gorbachev apertou a mão pela primeira vez a Ronald Reagan, em Genebra, a 19 de novembro de 1985, as duas superpotências tinham acumulado cerca de sessenta mil ogivas nucleares. A corrida ao armamento estava no seu auge". Olhámos um para o outro na soleira da porta, em frente ao edifício onde se iriam realizar as negociações, o primeiro encontro", recordou Gorbachev mais de duas décadas depois. De alguma forma, estendemos a mão um ao outro e começámos a falar. Ele fala inglês, eu falo russo, ele não percebe nada e eu não percebo nada. Mas parece que está a haver uma espécie de diálogo, um diálogo dos olhos". No final da cimeira, quando voltaram a apertar as mãos sobre a declaração de que uma guerra nuclear não poderia ser ganha e nunca deveria ser travada, Gorbachev ficou espantado. "Consegue imaginar o que isso significa?" Significa que tudo o que estávamos a fazer era um erro.[1]

" Ambos sabíamos melhor do que ninguém o tipo de armas que tínhamos", disse ele. E eram realmente pilhas, montanhas de armas nucleares. Uma guerra poderia começar não por causa de uma decisão política, mas apenas por causa de uma falha técnica". Gorbachev mantinha uma escultura de um ganso no seu gabinete em Moscovo, para recordar que um bando de gansos foi em tempos confundido com mísseis pelos radares de alerta precoce.

Em Reiquiavique, Gorbachev e Reagan foram mais longe na eliminação de todas as armas nucleares do que qualquer outro antes. Mas, uma geração depois, a grande promessa de Reiquiavique continua por cumprir. A "arma absoluta" ainda está entre nós. Embora o número total de ogivas tenha diminuído em cerca de dois terços, milhares ainda estão prontas para serem lançadas. Os Estados Unidos mantêm prontas cerca de 2.200 ogivas nucleares estratégicas e 500 armas nucleares tácticas mais pequenas. Outras 2.500 ogivas são mantidas em reserva e mais 4.200 estão a aguardar desmantelamento. A Rússia mantém ainda 3.113 ogivas em armas estratégicas, 2.079 ogivas tácticas e mais de 8.800 em reserva ou a aguardar desmantelamento. São mais de 23 mil ogivas nucleares.

Desde o fim da Guerra Fria, o mundo mudou radicalmente. As ameaças amorfas e obscuras - Estados falhados, terrorismo e proliferação - tornaram-se mais ameaçadoras. As armas nucleares dificilmente dissuadirão milícias como os Taliban ou terroristas como os que atacaram Nova Iorque, Washington, Londres, Madrid e Bombaim nos últimos anos. Os terroristas e as milícias procuram assustar e causar danos a um inimigo mais poderoso. Até agora, têm utilizado armas convencionais - bombas, granadas, espingardas de assalto e aviões desviados - mas também querem deitar a mão a armas mais potentes de destruição maciça. Movidos por um zelo intenso, não se deixam intimidar por um arsenal nuclear, nem dissuadir pelo medo da morte. Um terrorista suicida solitário que transporta bactérias de antraz ou agentes nervosos numa bolsa de plástico não é um alvo adequado para um míssil com armas nucleares. E, embora as armas nucleares tenham funcionado como um dissuasor fiável para os líderes do Kremlin e da Casa Branca, dois adversários experientes, podem não funcionar tão bem se um dos protagonistas for uma potência nuclear não testada, nervosa e nervosa.

Após o colapso da União Soviética, os Estados Unidos reanalisaram por duas vezes as suas políticas de armamento nuclear e a sua utilização através de estudos formais, conhecidos como a Revisão da Postura Nuclear. Em ambas as ocasiões, em 1994 e 2002, as revisões reconheceram que o mundo tinha mudado após a Guerra Fria, mas nenhum dos relatórios foi seguido de uma mudança radical. A principal razão foi o medo do futuro; as armas nucleares eram necessárias como "proteção" contra a incerteza. No início, a incerteza era o caos na ex-União Soviética e, mais tarde, a perspetiva de uma outra nação ou grupo terrorista obter armas nucleares.

Mas os arsenais da última guerra parecem ser uma fraca proteção contra novas ameaças. Em 2007, quatro estadistas mais velhos da era nuclear lançaram um apelo para que fossem tomadas medidas com vista a "um mundo livre de ameaças nucleares". Foram eles Sam Nunn , Presidente do Comité das Forças Armadas do Senado 1987-1994; George Shultz , Secretário de Estado 19821989; Henry Kissinger , Secretário de Estado 1973-1977; e William J. Perry , Secretário da Defesa 1994-1997. Gorbachev não tardou a juntar-se-lhes. Todos eles estiveram intimamente envolvidos nas decisões sobre o equilíbrio nuclear do terror. Chegou o momento de os ouvir. [1]

Uma das suas recomendações é a eliminação das armas nucleares tácticas ou de curto alcance deixadas pela Guerra Fria. Os Estados Unidos têm quinhentas dessas armas instaladas, das quais duzentas na Europa. O seu objetivo inicial era dissuadir uma invasão do Pacto de Varsóvia; o Pacto de Varsóvia passou à história. Pouco se sabe sobre a disposição na Rússia dos milhares de armas nucleares tácticas retiradas da Europa de Leste e das antigas repúblicas soviéticas após a iniciativa Bush-Gorbachev de 1991. Podem estar armazenadas ou colocadas no terreno; nunca foram objeto de qualquer tratado, nem de qualquer regime de verificação, e a perda de uma só poderia ser catastrófica.[1]

Outro passo seria retirar as restantes armas nucleares estratégicas do alerta de prontidão de lançamento. Quando Satanislav Petrov enfrentou o alarme em 1983, tais decisões tiveram de ser tomadas em poucos minutos. Atualmente, a Rússia já não é a ameaça ideológica ou militar que a União Soviética foi em tempos; nem os Estados Unidos representam uma ameaça tão grande para a Rússia.

Os americanos investiram muito tempo e esforço para ajudar a Rússia a dar o salto para o capitalismo na década de 1990 - deveríamos agora apontar os nossos mísseis para os próprios mercados bolsistas de Moscovo que ajudámos a conceber? Bruce Blair estimou que tanto os Estados Unidos como a Rússia mantêm cerca de um terço dos seus arsenais totais em alerta de lançamento. Demoraria um ou dois minutos a executar os códigos de lançamento para disparar mísseis Minuteman nas planícies centrais dos Estados Unidos, e cerca de doze minutos para lançar mísseis submarinos. O poder de fogo combinado que poderia ser libertado neste período de tempo pelos dois países é de aproximadamente 2.654 ogivas nucleares de alto rendimento, ou 100 mil Hiroshimas. Poderiam ser facilmente postos em prática procedimentos para desativar os mísseis e criar atrasos de lançamento deliberados de horas, dias ou semanas para evitar um erro terrível. E seria sensato que a Rússia desligasse e desactivasse o Perimeter, o sistema de comando semiautomático para retaliação nuclear. A Máquina do Juízo Final foi construída para outra época.[1]

Após estes passos, os Estados Unidos e a Rússia poderiam começar a trabalhar - idealmente numa parceria renovada - para o objetivo da eliminação total e verificada das armas nucleares em todo o mundo. Os Estados Unidos e a Rússia detêm, em conjunto, 95% das ogivas nucleares do mundo. O Tratado de Moscovo de 2002, assinado pelo Presidente George W. Bush e pelo Presidente Vladimir Putin, previa entre 2200 e 1700 ogivas "operacionalmente instaladas" de cada lado até ao ano 2012. Nenhuma das nações sofreria reduções radicais em relação a este nível. No mundo de hoje, milhares de ogivas nucleares de cada lado não proporcionam milhares de vezes mais dissuasão ou segurança do que um pequeno número de ogivas. Um esforço no sentido da liquidação dos arsenais seria uma forma adequada de enterrar a Guerra Fria. O mesmo aconteceria com um esforço determinado para travar a disseminação de armas nucleares e materiais cindíveis noutros locais, como a ratificação do Tratado de Proibição Total de Testes Nucleares. Devemos recordar a sabedoria de Bernard Brodie, o primeiro pensador pioneiro sobre as armas atómicas, que escreveu que estas são "verdadeiras forças cósmicas ligadas às máquinas de guerra". A guerra acabou. Já é tempo de deitar fora as máquinas.

Em 1992, os senadores Nunn e Lugar fizeram uma aposta com a história. Na altura, os cépticos sugeriram que seria melhor deixar a antiga União Soviética afogar-se nas suas próprias mágoas - entrar em "queda livre". Nunn e Lugar não concordaram. Ajudaram a Rússia e as outras antigas repúblicas soviéticas a lidar com uma herança do inferno. O investimento rendeu enormes dividendos. Nos anos que se seguiram, o Cazaquistão, a Bielorrússia e a Ucrânia abandonaram completamente as armas nucleares. Foram desactivadas 7.514 ogivas nucleares, 752 mísseis balísticos intercontinentais e 31 submarinos.[1] Estas medidas eram exigidas pelos tratados de controlo de armamento, mas Nunn-Lugar disponibilizou os recursos que tornaram o desmantelamento uma realidade.

Em meados da década de 1990, muitas das instalações com materiais cindíveis não protegidos foram objeto de aumentos de segurança. Em 2008, mais de 70% dos edifícios da antiga União Soviética com materiais nucleares utilizáveis em armas tinham sido fortificados, embora o urânio e o plutónio ainda estivessem espalhados por mais de duzentos locais.[1] Depois do Projeto Safira, o urânio altamente enriquecido foi retirado, muitas vezes discretamente, de mais dezanove reactores de investigação e instalações sensíveis em todo o antigo bloco soviético.[1] O Centro Internacional de Ciência e Tecnologia, iniciado após a visita de Baker a Chelyabinsk-70, concedeu subsídios ao longo de catorze anos que beneficiaram, num momento ou noutro, cerca de setenta mil cientistas e motores envolvidos na construção de armas.[1] A fábrica de antrax de Stepnogorsk foi destruída, incluindo os fermentadores gigantes do edifício 221. Na ilha de Vozrozhdeniye foram localizadas onze sepulturas onde estava enterrado antraz; a substância, cor-de-rosa com uma textura de argila húmida, foi escavada e os agentes patogénicos neutralizados.[1] Na estepe perto da fronteira sul da Rússia, foi construída uma fábrica de mil milhões de dólares que destruirá as enormes reservas de armas químicas, incluindo o sarin, armazenadas nos armazéns próximos. Na Combinação Química Mayak, na cidade de Ozersk, foi construído nos Estados Unidos um enorme cofre fortificado, com um custo de 309 milhões de dólares, para armazenar o excesso de materiais cindíveis russos. Com paredes de seis metros de espessura, a instalação de armazenamento de material físsil respondeu à necessidade tão evidente após o colapso soviético - um Fort Knox para guardar urânio e plutónio.

Nunca seria fácil para um país tão turbulento como a Rússia aceitar a mão de um rival rico e poderoso, e não foi. As suspeitas, os atrasos, os mal-entendidos e os erros abundaram nos anos que se seguiram ao colapso soviético. [1]Mas, de um modo geral, dada a imensa dimensão do complexo militar-industrial soviético e a natureza dispersa das armas e materiais perigosos, a aposta de Nunn-Lugar valeu a pena. O mundo está mais seguro devido à sua visão e determinação. Foi também uma pechincha. O custo anual de todas as facetas de Nunn-Lugar foi de cerca de 1,4 mil milhões de dólares, uma ínfima parte do orçamento anual do Pentágono de mais de 530 mil milhões de dólares.

[1]

Contar toda a verdade sobre o surto de Sverdlovsk seria um bom primeiro passo para acabar com a terrível história secreta da Biopreparat.

A verdade importa. O engano é uma ferramenta dos guerreiros dos germes. O mesmo disfarce que ocultou o programa soviético de armas biológicas como investigação civil pode ser utilizado para esconder um perigoso programa de guerra bacteriológica em qualquer lugar. Os ataques com cartas de antraz nos Estados Unidos em 2001, o surto de Síndrome Respiratória Aguda Grave (SARS) em 2003 e os avanços dramáticos nas biociências sublinharam a natureza destrutiva dos agentes biológicos. A Academia Nacional de Ciências concluiu, num relatório de 2009, que cidades fechadas como Obolensk, com uma área relativamente grande, já não são necessárias para albergar um programa ilícito de armas biológicas. Um agente patogénico perigoso, por exemplo, um vírus, pode ser disseminado sem qualquer sinal percetível. O local de trabalho de um fabricante de armas biológicas ou de um terrorista pode estar aninhado em segurança num laboratório universitário ou comercial, impossível de descobrir por reconhecimento por satélite. As pessoas são a chave, como Vladmir Pasechnik demonstrou ao seguir a sua consciência e revelar os erros soviéticos. Para detetar tais perigos no futuro, são necessários contactos humanos, redes, transparência e colaboração, a construção de pontes que Andy Weber procurou.

Na década de 1990, a Rússia parecia vulnerável e desesperada, mas a partir do ano 2000, uma onda de riqueza petrolífera alimentou um novo sentimento de independência. Além disso, a Rússia foi conduzida a um novo período de autoritarismo sob a direção do Presidente Putin, durante o qual se tornou hostil aos estrangeiros. Sob a presidência de Putin, a Rússia tem vindo a pôr termo à cooperação com o Ocidente no domínio da proliferação de armas biológicas. Os responsáveis russos têm insistido que, uma vez que o país não tem um programa ofensivo de armas biológicas, não há necessidade de cooperar. Mas também parece que a Rússia está a voltar aos hábitos da era soviética. Os serviços de segurança de Putin foram à caça de suspeitos de espionagem entre os cientistas, o que pôs um travão nos projectos conjuntos com o Ocidente.

Há muito que a Rússia se recusa a abrir as portas de três instalações militares de investigação biológica. Até hoje, não se sabe até onde foi a União Soviética na criação de ogivas e bombas a partir de bactérias e vírus desenvolvidos em Obolensk e Vetor. Terão os soviéticos produzido uma super-peste resistente aos antibióticos? Será que criaram um míssil de cruzeiro capaz de disseminar esporos de bactérias do antrax? Ou ogivas para um míssil balístico intercontinental para transportar varíola? E se fizeram tudo isto, em violação de um tratado internacional que assinaram em 1972, será que os pormenores devem ser finalmente revelados? [1] Uma série de institutos e estações russas de combate à peste, que outrora alimentaram o programa de guerra bacteriológica, também permaneceram fechados à cooperação ocidental. Se não há armas, nem programa ofensivo, como afirma a Rússia, então o que é que está por detrás das portas fechadas? Que fórmulas de fabrico de armas permanecem nos laboratórios militares? E, mais importante, o que é feito dos cientistas com conhecimentos para criar agentes patogénicos que podem ser transportados no bolso de uma camisa?

Em que é que estão a trabalhar hoje?

Se já não fosse suficientemente preocupante o facto de a Rússia ter ficado fraca e vulnerável após o colapso soviético, nos anos 90 veio outro abanão: os terroristas e os cultos andavam à procura de armas de destruição maciça. As pessoas que iriam cometer actos de terror em massa não tinham os recursos ou a base industrial de um governo ou de um exército, mas ardiam com a ambição de matar em grande escala e de forma teatral. O terrorismo não era certamente uma novidade, mas os terroristas na posse dos arsenais da Guerra Fria seriam devastadores.

Em 1995, a seita Aum Shinrikyo libertou o agente nervoso mortal sarin em três comboios do metro de Tóquio, matando doze pessoas, ferindo mais de mil e causando pânico em massa. Problemas técnicos, fugas e acidentes assolaram a seita. Mas o ataque ao metro de Tóquio mostrou o que apenas uma pequena quantidade de material perigoso pode fazer. A calamidade de Tóquio resultou de 159 onças de sarin. Em contraste, na Rússia, num complexo remoto perto da cidade de Shchuchye, na Sibéria ocidental, ainda existem 1,9 milhões de projécteis cheios com 5.447 toneladas métricas de agentes nervosos. [1]

Osama bin Laden terá ficado impressionado com a catástrofe do metro de Tóquio e com o caos que gerou. Em 1998, os líderes da Al Qaeda começaram a lançar um sério projeto de armas químicas e biológicas, com o nome de código Zabadi , ou "leite coalhado" em árabe. Os pormenores desse esforço foram mais tarde revelados em documentos encontrados num computador utilizado pela liderança da Al Qaeda em Cabul. Ayman Zawahri, o antigo cirurgião do Cairo que nesse ano fundiu o seu grupo radical, a Jihad Islâmica do Egipto, com a Al Qaeda, observou que "o poder destrutivo destas armas não é inferior ao das armas nucleares".» 1 Em 1999, Zawahiri recrutou um cientista paquistanês para montar um pequeno laboratório de armas biológicas em Kandhar. Mais tarde, o trabalho foi entregue a um malaio que conhecia os sequestradores do 11 de setembro e os tinha ajudado, YazidSufaat. Formado em biologia e química na Califórnia, passou meses no laboratório de Kandahar a tentar cultivar antraz. George Tenet , o antigo diretor da CIA, afirmou que a tentativa de produção de antraz foi levada a cabo em paralelo com a conspiração para desviar aviões e abalroá-los contra edifícios. [1] Ele acreditava que o desejo mais forte de Bin Laden era tornar-se nuclear. A certa altura, a CIA perseguiu freneticamente informações de que Bin Laden estava a negociar a compra de três engenhos nucleares russos, embora nunca tenham sido encontrados pormenores. "Eles compreendem que os bombardeamentos de carros, camiões, comboios e aviões lhes darão alguns cabeçalhos, sem dúvida", escreveu Tenet. Mas se conseguirem despoletar uma nuvem em forma de cogumelo, farão história .... Mesmo nos dias mais negros da Guerra Fria, podíamos contar com o facto de que os soviéticos, tal como nós, queriam viver. Não é assim com os terroristas".[1]

É difícil construir uma bomba nuclear funcional, mas é menos difícil cultivar agentes patogénicos num laboratório. Uma comissão do Congresso concluiu, em 2008, que seria difícil para os terroristas fabricarem e disseminarem quantidades significativas de um agente biológico sob a forma de aerossol, mas poderia não ser tão difícil encontrar alguém que o fizesse por eles". Por outras palavras", disse o painel, "dado o elevado nível de conhecimento necessário para utilizar a doença como arma para causar baixas em massa, os Estados Unidos deveriam estar menos preocupados com o facto de os terroristas se tornarem biólogos e muito mais preocupados com o facto de os biólogos se tornarem terroristas". [1]

Os instrumentos de destruição maciça são mais difusos e mais incertos do que nunca. Enquanto a segurança das armas da antiga União Soviética continua por concluir, o mundo em que vivemos confronta-se com novos riscos que vão muito para além da Biopreparat. Hoje em dia, é possível ameaçar uma sociedade inteira com um frasco contendo agentes patogénicos criados num fermentador numa garagem escondida - e sem uma assinatura detetável.

A mão morta da corrida ao armamento ainda está viva.

Referência: Capítulo VIII

[1] David E. Hoffman: " The Dead Hand" Primeira edição da Anchor Book, Nova Iorque; EUA, agosto (2010)

CAPÍTULO 9: Rede de aquisições no mercado cinzento:

Os relatos ocidentais sobre a estratégia de aquisições do Paquistão centram-se exclusivamente em A.Q. Khan, cujo papel é apresentado como espião ou chefe de uma rede elaborada que funcionava como um Wal-Mart nuclear. [1] No entanto, para A.Q. Khan e outros que estavam envolvidos nas actividades de aquisição, adquirir os conhecimentos e componentes necessários para o programa nuclear foi um apelo ao mais alto nível de serviço nacional, numa altura em que a segurança e a capacidade de sobrevivência do Paquistão estavam em jogo. Pessoas dedicadas e determinadas a ultrapassar todos os obstáculos técnicos e políticos colocados ao programa nuclear paquistanês estavam preparadas não só para "comer erva" mas também para correr riscos extraordinários - por vezes com a própria vida - no submundo das aquisições nucleares, tudo em nome da tecnologia e da capacidade nacional.

Três factores significativos prejudicaram o Paquistão e criaram a necessidade de uma rede de aquisição. Em primeiro lugar, nenhum outro país com ambições nucleares semelhantes enfrentou barreiras de não proliferação tão rigorosas. Proliferadores contemporâneos como o Brasil, a Argentina, a África do Sul, a Índia e Israel tinham ultrapassado os limiares críticos muito antes de o regime de não proliferação ter apertado o parafuso. No entanto, na perspetiva do Paquistão, a sua exclusão não foi apenas uma questão de timing - o Paquistão acreditava que era visado por ser o único país muçulmano a adquirir tais armas na altura. Muitos outros Estados do mundo islâmico foram gradualmente convencidos desta crença também. A

Arábia Saudita, a Líbia, os Emirados Árabes Unidos e, em certa medida, o Irão (sob o Xá) estavam determinados a não deixar afundar o navio nuclear paquistanês.

Em segundo lugar, o Paquistão era extremamente vulnerável e não tinha qualquer influência própria. Enfrentando enormes encargos económicos, agitação política interna e preocupações com a segurança regional, estava largamente dependente das instituições e da ajuda internacionais. Embora o Paquistão estivesse ciente de que os países ocidentais não eram solidários com as suas preocupações de segurança, sabia que a sua aliança com o Ocidente era crítica e em grande parte inevitável. Islamabad não podia dar-se ao luxo de confrontar ou abandonar o Ocidente.

Em vez disso, o Paquistão procurou relações estratégicas mais fiáveis através de alianças com a China e a Coreia do Norte. Uma política estratégica em três vertentes: 1- manter uma aliança com o Ocidente e procurar assistência tecnológica; 2- procurar apoio financeiro dos países islâmicos ricos em petróleo para sustentar a economia; e 3- procurar substitutos estratégicos com aliados garantidos quando a tecnologia ocidental não estivesse disponível.

A terceira e mais grave desvantagem foi a rápida deterioração da situação de segurança regional. A alteração dramática da paisagem geopolítica - especialmente após a Revolução Islâmica no Irão e a invasão do Afeganistão pela União Soviética - criou um novo ambiente estratégico para o qual o Paquistão não estava preparado. As forças armadas paquistanesas enfrentavam um potencial agressor em duas frentes. Apesar de o país ter usufruído dos benefícios de ser um Estado da linha da frente enquanto os soviéticos permaneceram no Afeganistão, os custos socioeconómicos e de segurança foram substanciais e a anarquia resultante na região ainda hoje ameaça Islamabad.

Foi nestas circunstâncias que a ausência de preocupações ocidentais com a não proliferação abriu uma nova janela de oportunidade para a dissuasão nuclear do Paquistão. Os obstáculos técnicos obrigaram os cientistas e os funcionários a recorrer a toda e qualquer fonte que pudesse ajudar o Paquistão a completar o seu ciclo de combustível. Quando as regras eram frouxas, os fornecimentos essenciais eram produzidos a partir do Ocidente e, quando as barreiras à não proliferação aumentavam, esses fornecimentos eram encontrados por outros meios menos explícitos. É importante recordar que, enquanto o enriquecimento de urânio se tornava uma prioridade máxima, a produção de plutónio continuava, mas a um ritmo mais lento. Assim, os funcionários paquistaneses procuraram materiais que satisfizessem as necessidades de ambos os extremos do ciclo do combustível nuclear.

Tom e Jerry no mercado aberto: Quando a França e outros países europeus começaram a ser pressionados para acabar com o programa nuclear paquistanês, seguiu-se um jogo do gato e do rato entre os fornecedores europeus e as exigências paquistanesas, à medida que os compradores paquistaneses corriam para adquirir bens, desviando-se de obstáculos e escapando. Isto foi possível porque as burocracias ocidentais eram lentas a atuar. A.Q. Khan e os seus fornecedores mantiveram-se um passo à frente dos seus perseguidores durante quase três décadas.

Inicialmente, o Paquistão participou nas aquisições de componentes essenciais no mercado livre. Contudo, à medida que as regras se tornaram mais rigorosas, os fornecedores dispostos passaram a recorrer ao mercado cinzento. A maior parte dos relatos ocidentais publicados culpam os decisores políticos ou as agências de informação dos EUA por terem ignorado as aquisições paquistanesas. Talvez os Estados Unidos pudessem ter barrado os fornecimentos críticos ao Paquistão numa fase inicial, mas as exigências da segurança global sobrepuseram-se às preocupações de não proliferação.

A abordagem paquistanesa foi inovadora. Embora inicialmente procurasse máquinas e tecnologias completas, o Paquistão acabou por começar a adquirir componentes de tecnologia e equipamento de enriquecimento a pequenas empresas ocidentais de alta tecnologia. Quando os componentes individuais - desde o yellow cake, às unidades de gaseificação/solidificação e às peças da centrifugadora - chegavam ao Paquistão, os cientistas e engenheiros do PAEC montavam-nos para dominar o ciclo de enriquecimento.

Como contrapartida aos esforços de A.Q. Khan, estava em ação outra secção significativa da rede paquistanesa: A comunidade empresarial europeia, que encontrou formas engenhosas de manter o fluxo de aquisições do Paquistão. No início, todas as actividades eram conduzidas dentro dos limites legais, mas quando as leis mudaram e as regras se tornaram mais rigorosas, os padrões de fornecimento ajustaram-se em conformidade e surgiram áreas cinzentas de interpretação legal. Mas o Paquistão não concebeu propositadamente uma rede, antes foi um produto da intensa procura interna e dos interesses comerciais ocidentais. Os fornecedores dispostos a obter lucros - alguns contribuindo involuntariamente para a criação de uma rede, outros com pleno conhecimento da utilização final do seu produto. De facto, muitos homens de negócios não se arrependiam de ter ajudado o Paquistão a adquirir uma arma de dissuasão nuclear. Para eles, a Índia tinha enganado o mundo ao testar um engenho nuclear e ao apelidá-lo de "teste nuclear pacífico" (PNE), constituindo uma ameaça direta para o Paquistão.

Independentemente da contribuição individual, a série de aquisições ilustra a natureza dinâmica dos esforços do Paquistão. Do aço maraging aos tubos em cascata, passando pelos inversores e tudo o mais, o Paquistão procurou ativamente oportunidades, instigou a concorrência empresarial e trabalhou para se manter à frente do regime de não proliferação.

Sob pressão dos EUA, os alemães suspenderam a venda de oito reactores de potência, uma instalação de enriquecimento de urânio e uma fábrica de reprocessamento de plutónio ao Brasil (então não signatário do TNP). Se o negócio tivesse sido concluído, teria gerado lucros de vários milhares de milhões de dólares. A indústria alemã estava frustrada com o facto de a não proliferação e os argumentos morais prejudicarem seletivamente as empresas europeias, enquanto as indústrias nucleares americanas, como a Westinghouse e a General

Electric, prosperavam.[4] Por conseguinte, não é de surpreender que a
Alemanha tenha sido o principal fornecedor de componentes ao
Paquistão. Por exemplo, em 1975, foi efectuada uma importante
compra de três cilindros de alta compressão

máquinas" de Dusseldorf, na Alemanha, que se vangloriavam de uma
aplicação de dupla utilização para fabricar utensílios de aço inoxidável
e invólucros para cartuchos de artilharia. Alguns fornecedores
europeus foram muito generosos e ofereceram-se para vender artigos
que não constavam da lista de desejos paquistanesa. Nesse ano, foram
também efectuadas duas outras aquisições importantes: uma máquina
de soldar por feixe eletrónico e uma máquina de carregar ímanes em
anel. Estas aquisições faziam parte da estratégia inicial do PAEC de
efetuar aquisições em grande escala, numa tentativa de evitar futuras
carências.

As empresas alemãs foram escolhidas como principais fornecedores
porque A.Q. Khan reconheceu que os conhecimentos alemães em
máquinas-ferramentas e engenharia de precisão eram inigualáveis e
contribuíam grandemente para a indústria do enriquecimento como
um todo. Além disso, como a Alemanha não era uma potência
nuclear, aplicava controlos de exportação mais brandos.

A concorrência entre as empresas europeias pelo negócio do Paquistão
continuou, mesmo no mercado mais restrito das tecnologias
avançadas. Assim, as repreensões públicas dos EUA em matéria de
não proliferação produziram resultados modestos, como demonstrado
pela escassa resposta da Alemanha a quase uma centena de

diligências. Mas os paquistaneses detectaram esta pressão internacional e rapidamente recorreram a contactos alargados. A revista alemã Stern noticiou que cerca de setenta empresas alemãs efectuaram negócios relacionados com o nuclear com empresas associadas ao Paquistão ao longo da década de 1980.

O acontecimento mais significativo do projeto de enriquecimento foi, de longe, a aquisição de inversores de alta frequência à empresa britânica Emerson Electric. Estes componentes eram especialmente importantes porque asseguravam a uniformidade do fornecimento de energia às centrifugadoras. Mas estas aquisições não passaram despercebidas. A revelação das importações paquistanesas da Grã-Bretanha alertou várias agências de informação em todo o mundo. A Mossad israelita, em particular, considerou que as aquisições paquistanesas estavam a tornar possível uma "bomba islâmica". O fornecimento de sorte do Paquistão era grande, mas não era ilimitado. À medida que as audaciosas tentativas de A.Q. Khan de adquirir tecnologias sensíveis chamavam a atenção das empresas e dos governos de todo o mundo, aumentava a pressão internacional sobre os países para que controlassem o comércio nuclear, e estes foram-se preparando lentamente para essa tarefa. Bilateralmente e através de organizações multilaterais, os Estados harmonizaram lentamente os controlos de exportação para impedir que o Paquistão e outros procurassem e explorassem regulamentos nacionais fracos. Simultaneamente, os reguladores estatais procuraram controlar mais a jusante a cadeia de produção. [1]

Mas, mesmo com o aumento das barreiras, uma estratégia principal sustentou a rede de aquisições - assim que os funcionários paquistaneses encontravam uma empresa que não estava disposta a negociar com eles ou que suspeitava das suas intenções, encontravam sempre uma substituta disposta. Estas empresas estavam em concorrência entre si, e o Paquistão oferecia preços elevados. Todas estas compras e acordos de cooperação exigiam dinheiro. A economia paquistanesa estava em frangalhos durante o período de formação da rede de aquisições, mas os funcionários continuavam a poder pagar preços elevados por tecnologias caras. Foram países generosos como a Líbia e a Arábia Saudita que financiaram a economia paquistanesa no seu conjunto e atenuaram o impacto das sanções ocidentais. No entanto, apesar da ajuda económica e militar, os responsáveis paquistaneses tiveram de encontrar uma forma de sustentar o programa nuclear. A resposta veio do Banco de Crédito e Comércio Internacional (BCCI) e do seu proprietário paquistanês, Hassan Abidi. Assim, o BCCI pagou o programa nuclear paquistanês através de empresas e instituições de fachada até ao seu colapso em 1991.

Estratégias de aquisição:

Os funcionários paquistaneses utilizaram várias estratégias para consolidar os múltiplos canais, ligações e técnicas durante os seus esforços de aquisição. [10] Estas incluíam:

1- Canais diplomáticos. Quase todas as embaixadas do Paquistão em todo o mundo apoiaram os esforços de aquisição através dos seus despachos diplomáticos;

2- Manter-se à frente da curva . As importações paquistanesas foram-se ajustando e alterando à medida que eram aplicados diferentes controlos das exportações. As compras passaram da aquisição de unidades inteiras para a aquisição de componentes mais pequenos e independentes para produtos inacabados;

3- Agulha no palheiro . O Paquistão compraria muitas tecnologias benignas e invulgares e esconderia um componente crítico no âmbito da longa compra;

4- Disponibilidade para pagar preços elevados . O Paquistão oferecer-se-ia para pagar o dobro do preço inicial;

5- Engenharia inversa . O Paquistão comprava amostras e depois reproduzia-as a nível interno;

6- Várias tentativas e ligações. Pelo menos três ou quatro agentes diferentes compram a empresas diferentes. Uma vez estabelecido um conjunto de escolhas, os agentes avaliariam a facilidade de exportação e transporte;

7- Justificação do utilizador final. O Paquistão forneceria ao fornecedor numerosas empresas de fachada e razões legítimas para a aquisição, que poderiam ser posteriormente verificadas;

8- Diversos intermediários e rotas de transporte (transbordo). Existiam muito poucas rotas de transporte direto para o Paquistão; a maioria dos artigos passava por intermediários e por vários países antes de chegar ao seu destino final;

9- Ajuda de países simpáticos. A China, a Coreia do Norte e os países islâmicos amigos poderiam ser condutores de carregamentos ou fontes de dinheiro;

10-	A diáspora paquistanesa. Os profissionais espalhados por todo o mundo contribuiriam largamente para a causa da nação;

11-Ligações com uma variedade de entidades. O Paquistão tinha feito amizade com numerosos indivíduos, empresas e negócios em todo o mundo;

12-Empresas de fachada. O Paquistão criou tantas que sobrecarregou o sistema.

Infelizmente, uma vez satisfeitas as necessidades do Paquistão, esta rede adquiriria vida própria, uma vez que outros países interessados seriam atraídos pelos seus benefícios.

Referência: Capítulo IX:

[1] Feroze Hassan Khan " Eating Grass" Pub. Stanford University Press, Stanford, E.U.A. (2012)

CAPÍTULO 10: O ensaio nuclear do Paquistão:

Em 28 de maio de 1998, o Paquistão anunciou o ensaio de cinco engenhos explosivos nucleares nas colinas de Chagai, na província ocidental do Baluchistão. Apenas dezassete dias depois de a vizinha Índia ter chocado o mundo com os seus primeiros ensaios nucleares desde 1974, a resposta do Paquistão foi uma surpresa para muitos observadores. Alguns duvidavam que o Paquistão possuísse a capacidade de construir um explosivo nuclear. Mas mesmo aqueles que pensavam que o Paquistão poderia testar uma arma ficaram espantados com a rapidez da reação paquistanesa. Muitos observadores perguntaram-se como é que um país pobre, a recuperar de guerras catastróficas e do desmembramento nacional - e a debater-se com crises de identidade nacional - poderia dedicar os seus limitados recursos estatais à aquisição de uma tecnologia tão potencialmente destrutiva.[1]

O programa nuclear do Paquistão desenvolveu-se em circunstâncias de segurança extremamente complexas e difíceis. As generalizações estruturais não explicam as complexidades da sua existência histórica e da sua evolução, a não ser que se compreenda uma explicação holística. Este capítulo examina essa experiência histórica - uma mistura de nuances culturais, idiossincrasias de personalidades e os múltiplos impulsos da política interna, crises regionais e compulsões geográficas, bem como desafios técnicos, política global e barreiras internacionais aos materiais e conhecimentos nucleares.

A tecnologia nuclear está agora a aproximar-se das sete décadas de desenvolvimento, mas a política nuclear e o determinismo tecnológico continuam a ser os factores essenciais nas relações internacionais, especialmente para os Estados em desenvolvimento. O fascínio pelo domínio do mistério do átomo está tão vivo hoje como no início dos anos 50, quando muitos dos países em desenvolvimento se libertaram do jugo do colonialismo. Apesar de as muitas décadas da era nuclear terem exposto os perigos e as bênçãos da energia nuclear, as armas atómicas são consideradas uma linha de vida para Estados como o Paquistão e Israel," Estados órfãos" no sistema internacional fora do guarda-chuva nuclear dos EUA. Neste sentido, a história do Paquistão nuclear é sui generis entre os Estados com capacidade para utilizar armas nucleares nos tempos actuais. Embora muitas das suas compulsões e razões sejam comparáveis às de outras potências nucleares que decidiram anteriormente seguir o mesmo caminho, o que levaria o Paquistão a cumprir quase literalmente o seu voto de "comer erva ou passar fome" na sua busca da arma nuclear? Por que razão e como é que o Paquistão desafiou o mundo para adquirir uma capacidade descrita por Bernard Brodie como a "arma absoluta"?

Tal como a história do Estado paquistanês, a história do programa nuclear do Paquistão é uma história de determinação e dedicação inabaláveis. Os altos funcionários paquistaneses aproveitaram o génio de jovens cientistas e engenheiros e moldaram-nos num quadro motivado de construtores de armas. Com base neste reservatório de talentos, o programa resistiu a crises políticas perenes e manteve-se apesar das más relações entre civis e militares. Os jovens líderes e cientistas da nação estavam unidos pelo fascínio da nova ciência nuclear e conscientemente integraram os desenvolvimentos nucleares na narrativa mais alargada do nacionalismo paquistanês. Não estavam dispostos a permitir que os desenvolvimentos estratégicos da Índia ficassem sem resposta e, quanto mais assiduamente o programa era contrariado pela Índia e pelo Ocidente, mais precioso se tornava. Evoluiu para o símbolo mais significativo da determinação nacional e para o elemento central da identidade do Paquistão.

A rivalidade duradoura e a competição estratégica do Paquistão com a Índia tornaram-se amargas nas décadas seguintes, após uma série de guerras e crises. A última grande guerra, em 1971, resultou numa humilhante derrota militar e no desmembramento do Paquistão, o que apenas reforçou a convicção de que os seus adversários estavam determinados a destruir a própria existência do novo Estado. Esta perceção uniu o Estado-nação numa mentalidade de "nunca mais" que encontrou apoio na aquisição de capacidade nuclear. No entanto, houve duas causas para o seu desmembramento nacional em 1971 - agressão externa e instabilidade interna. O desenvolvimento de uma capacidade nuclear e de um sistema de comando robusto poderia resolver parcialmente uma metade da equação - ou seja, a dissuasão contra a ameaça externa da Índia. Mas, até à data, o Paquistão não conseguiu resolver a outra metade mais perigosa que ameaça a capacidade de sobrevivência nacional - a dissensão interna e o conflito interno. Foi a incapacidade do Paquistão para desenvolver um sistema político viável que não conseguiu trazer harmonia e nacionalismo a um povo religiosamente homogéneo mas étnica e linguisticamente diverso. Embora o objetivo de adquirir uma capacidade de armamento nuclear fosse fundamentalmente retirado de ameaças externas, a separação geográfica do Paquistão Oriental, com uma Índia hostil situada entre as duas alas do país, era uma vulnerabilidade à espera de ser explorada.

Teoria e abordagem: Porque é que os Estados procuram obter armas nucleares e como o fazem? O que é que, se é que há alguma coisa, é único no caso paquistanês? Os realistas (neo-realistas) sugeririam que os Estados estão preocupados principalmente com a maximização da segurança. Quando confrontados com ameaças externas e uma distribuição desfavorável de capacidades políticas, económicas e militares com os seus adversários, os responsáveis governamentais têm duas opções fundamentais. Podem optar por aceitar o domínio do Estado mais forte e confiar nele para continuarem seguros, ou procurar "equilibrar-se" contra a assimetria de poder e o desafio de segurança colocado pelo adversário. A opção de "bandwagon" exige frequentemente que o Estado mais fraco comprometa a sua soberania nacional? A segunda opção pode ser alcançada através da procura de alianças (equilíbrio externo) ou através do desenvolvimento de capacidades militares (equilíbrio interno).

De acordo com Kenneth Waltz e Stephen Walt, os Estados optam normalmente por se equilibrarem contra as ameaças externas mais graves à sua segurança; raramente se colocam em posição de "bandwagon" - ou seja, acomodam ou apaziguam as potências que fazem essas ameaças.[7]

Os planeadores de defesa preferem geralmente o equilíbrio interno porque deixa menos ao acaso e menos à vontade dos outros; no entanto, esta estratégia exige níveis de determinação nacional e recursos que estão fora do alcance da maioria dos países, incluindo o Paquistão. Embora os aliados fossem cruciais na era pré-nuclear para ajudar os Estados a defenderem-se da agressão estrangeira, os realistas reconhecem que o armamento nuclear tornou o equilíbrio interno mais viável e mais urgente, especialmente para Estados como o Paquistão que enfrentam ameaças à segurança de vizinhos com armas nucleares.

Todos os programas de desenvolvimento de armas nucleares constituem uma resposta à insegurança e uma forma de equilíbrio contra ameaças políticas ou militares estrangeiras. Os Estados optarão por construir bombas nucleares se a prossecução de outras políticas consagradas pelo tempo - como o reforço das suas capacidades militares convencionais, a aquisição de diferentes armas de destruição maciça ou o alinhamento com potências estrangeiras - não estiver disponível ou for insuficiente para garantir a segurança do Estado.

Uma explicação alternativa, apresentada por Jacques Hymans, sugere que as ideias produzidas por atributos nacionais, culturais ou individuais e as abordagens idealistas podem explicar muito sobre as visões do mundo, os motivos e os estilos de tomada de decisões de líderes estatais específicos que se envolvem na proliferação nuclear.

Para compreender por que razão alguns países procuram a dissuasão nuclear - e certamente para compreender como operacionalizam essa dissuasão - é preciso compreender a cultura estratégica do país em questão. A paixão e o fervor com que o Paquistão adquiriu armas nucleares são apenas parcialmente explicados pelo realismo. O que é necessário é complementar o realismo com previsões mais precisas, derivadas da cultura estratégica única do Paquistão - "uma coletividade de crenças, normas, valores e experiências históricas da elite dominante numa política que influencia a sua compreensão e interpretação das questões de segurança e do ambiente, e molda a sua resposta a estas". A cultura estratégica é uma importante variável de intervenção entre as mudanças nas bases materiais do poder e o comportamento do Estado. [1]

" A "cultura estratégica" é um termo escorregadio, que apresenta desafios a qualquer estudo que o utilize. A definição utilizada neste artigo, proposta pelo respeitado académico paquistanês Hassan Askari-Rizvi, defende que as experiências históricas têm um importante valor explicativo no desenvolvimento de crenças e na avaliação da forma como um determinado Estado responde a uma determinada ameaça à segurança nacional. [12] A cultura estratégica é a lente mediadora através da qual os líderes nacionais vêem a realidade, que, embora não seja permanente, é lenta a mudar. As elites nacionais são socializadas numa cultura estratégica e, nesse processo, passam a partilhar essas crenças, normas e valores. Frequentemente, a cultura estratégica será uma fonte de constância no meio de um ambiente internacional em mudança.

Peter R. Lavoy argumenta que Jawaharlal Nehru e Homi Bhabha desempenharam o papel de "criadores de mitos nucleares". [1]Lavoy definiu a "criação de mitos nucleares" como uma abordagem adoptada pelas elites nacionais (criadores de mitos) que pretendem que o governo adopte uma estratégia de segurança nacional de aquisição de armas nucleares, salientando a insegurança do país e a sua fraca posição internacional; apresentando esta estratégia como a melhor medida correctiva; articulando a viabilidade política, económica e técnica; associando com êxito estas crenças às normas culturais e prioridades políticas existentes; e, finalmente, convencendo os decisores nacionais a agirem de acordo com estas opiniões.

Lavoy apresenta um percurso analítico sobre a forma como os mitos se transformam em crenças estratégicas. Examina as afirmações primárias e auxiliares que levam os líderes a convencer os decisores e, em última análise, a criar um objetivo nacional popular.

As crenças primárias baseiam-se em dois níveis de relação. O primeiro nível é a relação entre a aquisição de armas nucleares e a dimensão militar da segurança, que estabelece as bases sobre as quais se desenvolve o segundo nível em termos do estatuto político de um Estado e da sua influência nos assuntos internacionais. Estes níveis são completados por quatro requisitos auxiliares, relacionados com a articulação das viabilidades política, económica, estratégica e tecnológica. O Estado tem de ter a capacidade desenvolvida para gerir os problemas políticos associados ao desenvolvimento de armas nucleares e o seu impacto nas relações com Estados importantes; os meios para fazer face aos custos financeiros associados à aquisição ou ao desenvolvimento de tecnologia nuclear, incluindo a possibilidade de outras derivações, como a indústria, a agricultura e a medicina; a capacidade de desenvolver armas nucleares operacionais e de conceber opções para a sua utilização eficaz em operações militares; e a infraestrutura e a capacidade para ultrapassar as numerosas dificuldades técnicas associadas ao desenvolvimento de armas nucleares, com a possibilidade de derivações industriais. Quando os líderes adquirem a capacidade de articular os seis factores inter-relacionados com brio e convincente desenvoltura, é uma questão de tempo para que se integrem na cultura estratégica do Estado-nação.

A pessoa que liderou a ideia do Paquistão nuclear foi Zulfiqar Ali Bhutto. No início da história do Paquistão não havia consenso quanto à conveniência ou utilidade das armas nucleares. Apenas algumas pessoas, nomeadamente Bhutto, acreditavam que a sua aquisição era fundamental para o Paquistão. No entanto, na sequência da perda devastadora do Paquistão Oriental em 1971 e do ensaio nuclear indiano em 1974, as opiniões a favor das armas nucleares, detidas apenas por uma minoria, tornaram-se consenso nacional - a necessidade de armas nucleares tornou-se uma crença dominante. Esta convicção acabou por determinar o discurso do pensamento nuclear paquistanês, que evoluiu gradualmente - primeiro para o desenvolvimento de uma capacidade de armamento nuclear, que demorou cerca de vinte e cinco anos, e mais tarde para a sua operacionalização, depois de ter sido forçado a demonstrar essa capacidade.

No caso da Índia, o choque de ter perdido a guerra de 1962 com a China, combinado com o ensaio nuclear chinês em Lop Nor em 1964, acabou por levar ao ensaio indiano em 1974. [16] Os argumentos do primeiro-ministro Jawaharlal Nehru e do cientista-chefe indiano Homi Bhabha tornaram-se dominantes, embora nenhum deles tenha sobrevivido para ver a ascendência dessas convicções. No caso do Paquistão, Zulfiqar Ali Bhutto desempenhou um papel semelhante e alimentou o programa nuclear ao longo da importante década de 1970.

Atualmente, existem três crenças estratégicas importantes relativamente às armas nucleares que estavam praticamente ausentes quando Bhutto tomou o poder em 1971, mas que se tornaram dominantes no pensamento estratégico paquistanês. Em primeiro lugar, as armas nucleares são a única garantia de sobrevivência nacional do Paquistão face a uma Índia inveteradamente hostil que não pode ser dissuadida por meios convencionais e a aliados externos pouco fiáveis que não cumprem as suas obrigações em situações extremas. Em segundo lugar, o programa nuclear do Paquistão é injustamente apontado à oposição internacional devido à sua população muçulmana. Este sentimento de vitimização é acentuado pela convicção de que a Índia "se safa" constantemente da violação das normas globais de não-proliferação. Em terceiro lugar, existe a convicção de que a Índia, Israel ou os Estados Unidos poderão recorrer à força militar para travar o programa nuclear do Paquistão. Atualmente, estas três convicções - necessidade nuclear para a sobrevivência, discriminação internacional contra o Paquistão e perigo de ataques de desarmamento - constituem o centro do pensamento estratégico paquistanês sobre as armas nucleares. Coletivamente, estas convicções têm servido para reforçar a determinação do establishment militar, burocrático e científico paquistanês em pagar qualquer custo político, económico ou técnico para atingir o seu objetivo de um Paquistão nuclearmente armado.

Zulfiqar Ali Bhutto conseguiu captar esta narrativa abrangente mesmo antes de existir qualquer consenso nacional sobre questões nucleares.

Continuou a promover o desenvolvimento nuclear enquanto ministro dos Negócios Estrangeiros na década de 1960 e desempenhou um papel fundamental durante o período de liderança nacional na década de 1970. Quando foi afastado do poder em 1977, o seu pensamento sobre questões nucleares já estava institucionalizado em todo o establishment. Amplos patronos nas comunidades militar, burocrática e científica assegurariam o sucesso do programa nuclear nas décadas de 1980 e 1990. Hoje em dia, a narrativa nacional em torno da necessidade de armas nucleares está entrelaçada com o nacionalismo paquistanês a um nível tal que é quase traição pensar de outra forma.

Temas nucleares: embora seja demasiado forte afirmar que todos os Estados nucleares têm a mesma experiência histórica, é útil realçar as semelhanças. Por detrás das convicções estratégicas únicas do Paquistão, há vários temas semelhantes aos que se encontram nas histórias de outros aspirantes ao nuclear. Três fios entrelaçam-se no tecido de muitas histórias de aquisição de armas nucleares: a humilhação nacional, o isolamento internacional e a identidade nacional. Quando os paquistaneses olham para a sua história, estes temas são recorrentes e fornecem uma base concetual a partir da qual surgem crenças estratégicas específicas.

Humilhação nacional: No centro da narrativa da aquisição de armas nucleares está a humilhação nacional - a frase "nunca mais" é repetida vezes sem conta nas histórias nucleares. Para muitas nações, os medos produzidos por humilhações passadas são frequentemente reforçados por preocupações com a chantagem nuclear. A União Soviética, depois de ter experimentado a devastação dos exércitos nazis invasores, recusou-se a aceitar o perigo de um monopólio nuclear americano. As ambições nucleares da China foram alimentadas por um século de interferência estrangeira, uma ocupação japonesa brutal e ameaças nucleares dos EUA na década de 1950. A humilhação nacional da Índia resultou da subjugação colonial, de uma derrota embaraçosa na sua guerra fronteiriça com a China em 1962 e da disparidade estratégica que se seguiu ao ensaio nuclear chinês em Lop Nor em 1964. Israel é um Estado criado para garantir que "nunca mais" o povo judeu correria o risco de extermínio nacional, e as armas nucleares tornaram-se cada vez mais vistas como fundamentais para esse requisito, no contexto de uma inimizade árabe-israelita duradoura.

Para o Paquistão, as memórias - tanto em primeira mão como transmitidas - da queda de Dacca, da perda do Paquistão Oriental e da captura de noventa mil prisioneiros de guerra pela Índia estão gravadas na memória colectiva. As tragédias de 1971 deixaram o Paquistão a tremer e foram seguidas pelo golpe subsequente do ensaio nuclear indiano de 1974. Em conjunto, estes acontecimentos permitiram que os entusiastas do nuclear assumissem o controlo e conduziram à ascensão de Zulfiquar Ali Bhutto e à sua convicção da necessidade de armas nucleares. Os esforços em matéria de armas nucleares foram redobrados após a explosão subterrânea da Índia em Pokhran, três anos mais tarde. A assimetria de capacidades estratégicas entre a Índia e o Paquistão reforçou o sentimento de insegurança que se tinha instalado após a queda de Daca. O programa de armamento nuclear paquistanês era a única forma de evitar uma humilhação semelhante no futuro e de preservar o Paquistão. "Nunca mais" o Paquistão seria objeto de desgraça às mãos de outros.

Isolamento internacional: Alguns Estados detentores de armas nucleares são alvo de demonização internacional, o que só serve para reforçar a determinação nacional de desenvolver tecnologia avançada. Embora a experiência russa tenha sido um pouco diferente - é difícil dizer que a superpotência nascente estava isolada - a URSS era alvo de castigo ocidental pelo seu modo de vida socialista. As armas nucleares não eram apenas um imperativo de segurança, mas também uma prova para o Ocidente do avanço científico soviético. A China viu-se desligada ideologicamente não só dos inimigos ocidentais, mas também, e cada vez mais, dos seus antigos patronos soviéticos. Israel enfrentou o opróbrio de grande parte do mundo pós-colonial, e as críticas aumentaram à medida que o pan-arabismo apoiado pelos soviéticos emergiu como uma força política importante na década de 1950.

Muitos aspirantes ao nuclear são também duramente recordados de que, na medida em que têm apoio internacional, esse apoio é insuficiente ou, mais frequentemente, efémero durante períodos de crise política profunda. A história inicial de Israel mostrou que os Estados Unidos subordinariam os interesses de Israel durante períodos de tensão, numa tentativa de manter a estabilidade entre as superpotências. Os êxitos de Israel no campo de batalha em 1947-48 e 1967 ocorreram com pouco apoio estrangeiro. O apoio soviético

pouco fez para aliviar as dificuldades chinesas na Coreia ou para
enfrentar as ameaças dos EUA noutras crises relacionadas com
Taiwan em 1955. As tensões entre o Presidente soviético Nikita
Khrushchev e o líder comunista chinês Mao Zedong aumentaram em
meados da década de 1950, o que acabou por levar à cessação da
assistência soviética ao programa nuclear chinês em 1959.
A Índia viu-se isolada: inicialmente, não recebeu nem a ajuda dos
EUA nem a da União Soviética na guerra de 1962 contra a China. Os
cálculos de Deli tinham corrido terrivelmente mal quando a sua
política de avanço no território disputado provocou uma guerra
fronteiriça com a China. Mas, infelizmente para a Índia, esta ocorreu
em simultâneo com a crise dos mísseis de Cuba entre as duas
superpotências da Guerra Fria. Após o ensaio nuclear da China em
1964, os falcões indianos começaram a dominar o debate. O estado de
espírito da nação foi resumido num famoso discurso do famoso
cientista indiano Homi Bhabha: "As armas nucleares dão a um Estado
que as possua em número suficiente um poder dissuasor contra o
ataque de um Estado muito mais forte". [1] O lobby da bomba na Índia
acabaria por prevalecer, enquanto a Índia continuava a acreditar que
estava por sua conta. Em 1965, a Índia ficou revoltada com o facto de
os Estados Unidos terem cortado a ajuda à Índia e ao Paquistão,
apesar de Nova Deli acreditar que o Paquistão tinha sido o agressor na
Segunda Guerra de Caxemira, que durou cinco semanas.

Para os paquistaneses, a história mostrava que os estrangeiros não os
ajudariam a enfrentar as ameaças à segurança, em especial durante os
períodos de maior necessidade. A aliança do Paquistão com os

Estados Unidos não trouxe qualquer benefício na guerra de 1965 e revelou-se traumaticamente insuficiente para impedir a derrota militar no Paquistão Oriental em 1971. Enquanto o Paquistão estabeleceu uma aliança com os Estados Unidos principalmente para responder à ameaça indiana, os Estados Unidos viam a aliança apenas pelo prisma da competição entre superpotências e tinham pouco interesse nos receios do Paquistão em relação à Índia. Do mesmo modo, a amizade de sempre do Paquistão com a China traduziu-se em pouco apoio material ao Paquistão quando mais contou, quer nas guerras de 1965 quer nas de 1971. Depois de o Paquistão ter enveredado seriamente pela via nuclear, tornou-se cada vez mais o foco das preocupações ocidentais em matéria de proliferação. As teorias da conspiração de que o Paquistão estava a ser alvo devido ao seu "carácter muçulmano" aumentaram, juntamente com o ressentimento. Esta perceção de isolamento internacional apenas serviu para reforçar a devoção do Estado paquistanês em alcançar a autossuficiência nuclear.

Identidade nacional: A maioria dos programas nucleares não são iniciados com a identidade nacional como fator impulsionador, mas muitas vezes acabam por se tornar parte integrante da auto-perceção nacional e são assim perpetuados pelo seu lugar simbólico na identidade nacional. Os sacrifícios associados ao programa nuclear feitos perante a oposição internacional, combinados com a crença de que as armas nucleares são a única resposta para evitar humilhações futuras, conferem um significado simbólico ao sentido de identidade da nação. Em 1971, todos os cinco membros permanentes do Conselho de Segurança da ONU foram reconhecidos como Estados detentores de armas nucleares pelo Tratado de Não Proliferação de Armas Nucleares (TNP), e as armas nucleares eram vistas como a moeda do poder internacional. Além disso, o desafio científico, técnico e logístico do desenvolvimento nuclear suscita orgulho nas sociedades que conseguem aproveitar o seu potencial nacional para se juntarem ao que é, sem dúvida, o clube mais elitista do mundo. A.Q. Khan vangloriou-se do êxito do Paquistão no enriquecimento de urânio: "Um país que não conseguia fabricar agulhas de costura, boas bicicletas ou mesmo estradas de metal durável estava a enveredar por uma das tecnologias mais recentes e mais difíceis".

O sentido de identidade nacional do Paquistão tem uma relação complexa com a sua identidade islâmica. A perceção de que o Paquistão é vítima de discriminação - de que o mundo se opõe exclusivamente a uma "bomba islâmica" - tornou-se uma fonte de orgulho. De entre os países muçulmanos, só o Paquistão conseguiu ultrapassar o limiar nuclear. Este feito nuclear deu ao Paquistão uma certa preeminência no mundo islâmico. Por isso, talvez não seja de admirar que Zuliqar Ali Bhutto, a força por detrás do programa nuclear, tenha orientado a política externa paquistanesa para o reforço dos laços com outros países muçulmanos. Além disso, Bhutto aproveitou habilmente estas relações para angariar apoio financeiro para o programa nuclear do Paquistão. Tal proeminência global, no pensamento paquistanês, remontava à glória civilizacional passada, ao tempo em que o Império Mughal partilhava o palco global com os Safávidas e os Otomanos. Além disso, para o Paquistão, um país em conflito sobre se é um Estado muçulmano secular ou teológico, as armas nucleares eram um símbolo de coesão - tornaram-se uma das poucas questões sobre as quais havia consenso nacional.

Referência: Capítulo X

[1] Feroze Hassan Khan :" Eating Grass" Pub. Stanford University Press, Stanford, U.S. (2012).

CAPÍTULO 11: A PULVERIZAÇÃO E OSTRACIZAÇÃO DO PAQUISTÃO:

Em meados da década de 1970, o Primeiro-Ministro Bhutto estava no auge do seu poder, mas estava a perder rapidamente aliados políticos, bem como a paciência dos seus colegas. O seu fascínio pelos ideais socialistas tinha desaparecido; os membros fundadores do Partido Popular do Paquistão (PPP) estavam igualmente desiludidos. Bhutto pensou que, ao apaziguar os opositores islâmicos, poderia introduzir pragmatismo na sua política e travar a queda da sua popularidade. Em vez disso, esta estratégia conduziu Bhutto por um caminho escorregadio de concessões do qual nunca recuperou.

Na primavera de 1976, Bhutto escolheu a dedo um novo chefe do exército, Zia ul Haq, cuja nomeação substituiu a patente de muitos generais superiores. Não se sabe quem é que o Chefe do Exército na reforma, Tikka Khan, recomendou para seu sucessor, mas aparentemente o Primeiro-Ministro Zulfi Bhutto ficou encantado com a bajulação do Tenente-General Zia ul Haq. Em particular, a impressionante receção que Zia organizou quando Bhutto visitou a guarnição de Multan em 1975 deve certamente ter-lhe valido a preferência. Quebrando a tradição militar, Zia ul Haq, comandante do corpo de exército em Multan, ordenou aos oficiais e às famílias que se alinhassem nas ruas e dessem uma receção calorosa ao amado líder.

A decisão de Bhutto de nomear Zia -ul- Haq alterou o destino do país e levanta várias questões: Terá Bhutto examinado os dossiers militares de todos os generais seniores antes de fazer a sua seleção final?[1] Em caso afirmativo, como poderia Bhutto ter ignorado alguns traços preocupantes da carreira militar de Zia -ul-Haq, todos eles registados no seu dossiê? Será que Bhutto seleccionou deliberadamente um líder militar acreditando que ele seria um bajulador que manteria os militares subservientes e sob o seu controlo?

A tendência islâmica do General Zia ul Haq e o seu carácter aventureiro eram evidentes na sua reputação e até o seu registo militar prefigurava o seu impacto no curso da história. Em 1970, o então brigadeiro Zia ul Haq foi destacado para a Jordânia como conselheiro militar do rei Hussein e, posteriormente, desempenhou um papel controverso nas operações militares contra a revolta palestiniana, famosamente conhecida como "setembro Negro". Alegadamente, Zia excedeu a sua capacidade de conselheiro ao dirigir ativamente as operações militares. A revolta foi esmagada, mas a conduta de Zia foi objeto de escrutínio, especialmente por parte da embaixada paquistanesa. O brigadeiro Zia ul Haq não mantinha relações amistosas com o embaixador paquistanês na Jordânia e os dois tinham-se desentendido frequentemente por causa de questões administrativas mundanas. Por fim, o oficial relator de Zia ul Haq na Jordânia, o major-general Nawazish, apresentou-lhe um "relatório adverso", que deveria ter posto fim à sua carreira militar. Mas Zia contestou o relatório. O seu pedido foi aceite e, pouco depois, foi promovido ao posto de Major-General e nomeado para o prestigioso comando da 1 Divisão Blindada de Multan.

Rapidamente surgiram atritos entre Zia ul Haq e o seu superior hierárquico direto, o comandante do corpo de exército, tenente-general Muhammad Sharif. Ao redigir o relatório anual confidencial (ACR) do major-general Zia ul Haq, o comandante do corpo observou a tendência de Zia para contornar a cadeia de comando. Este comentário era muito semelhante ao que a embaixada paquistanesa em Amã tinha relatado anteriormente. O Chefe do Exército, Tikka Khan, apoiou a avaliação do comandante do corpo de exército e escreveu nas suas observações que "o oficial general deve seguir os conselhos do seu comandante de corpo de exército". No entanto, mais uma vez, a progressão na carreira de Zia não foi afetada negativamente, pois mais tarde foi promovido ao posto de general de três estrelas, substituindo Sharif como comandante do corpo em Multan. O historial militar profissional de Zia ul Haq era impressionante e a sua natureza conservadora e convicções religiosas nunca constituíram obstáculos; pelo contrário, eram vantagens para o regime militar de Yahya Khan, que tinha uma reputação de embriaguez e devassidão que foi em parte responsabilizada pelo desastre de 1971. É muito provável que a sua formação conservadora e o seu historial profissional simples tenham ofuscado algumas das suas características menos desejáveis.

Assim, é provável que o Primeiro-Ministro Bhutto não se tenha apercebido das características negativas de Zia quando o nomeou Chefe do Exército. Promoveu Muhammad Sharif e Zia ul Haq ao posto de general de quatro estrelas e nomeou os dois rivais para os cargos de Presidente do Comité de Chefes de Estado-Maior Conjunto (CJSC) e Chefe do Estado-Maior do Exército (COAS), respetivamente. Na opinião do autor, só há uma explicação plausível para a promoção de Zia - explorar a clivagem entre os dois comandantes superiores. Bhutto fez uma jogada maquiavélica para manter os dois homens concentrados um no outro e, assim, manter os militares afastados do domínio do poder civil. E, como de costume, o bajulador Zia continuou a elogiar publicamente o Primeiro-Ministro de uma forma e com uma eloquência que reforçou o ego de Bhutto.

Bhutto estava perfeitamente consciente da necessidade de modernizar as forças armadas. Em fevereiro de 1975, negociou com sucesso com o Presidente Gerald Ford o levantamento do embargo de armas dos EUA, que já durava há uma década, e o Paquistão voltou a receber o equipamento de helicópteros dos EUA. Embora as forças armadas tivessem recebido todo o apoio para a modernização das forças, a questão nuclear continuava a ser um ponto de discórdia e debate.

A atenção de Bhutto ao programa nuclear : Após o ensaio nuclear da Índia, Bhutto acelerou o programa de armas nucleares que, a partir de 1974, passou a ser a principal prioridade de segurança nacional. No entanto, o programa necessitava de supervisão para lidar eficazmente com a diplomacia, as aquisições, as finanças e muitas outras questões para as quais Bhutto tinha pouco tempo. No entanto, continuou a ser ele a tomar as decisões finais sobre o programa. Eventualmente, Bhutto criou um comité de coordenação interministerial para levar a cabo as tarefas acima enumeradas, bem como para, de um modo geral, ultrapassar quaisquer obstáculos ao programa nuclear.

Nos três anos que restavam do mandato de Bhutto, o Paquistão procurou todas as opções para levar o ciclo do combustível nuclear à sua conclusão lógica, o que abriria perspectivas tanto para um programa de armamento militar como para um programa civil de energia nuclear. Bhutto apercebeu-se de que, após o ensaio nuclear da Índia, a comunidade internacional actuaria rapidamente para fechar a janela de oportunidade para a aquisição de capacidades técnicas. Apesar do comité de coordenação interministerial, o programa nuclear continuou a enfrentar dificuldades diplomáticas, financeiras e de capacidade técnica. Em última análise, Bhutto assistiu à conclusão do ciclo do combustível nuclear durante o seu mandato e culpou os Estados Unidos pela falta de progressos.

O primeiro-ministro previu corretamente que o tempo era escasso e que os esforços paquistaneses encontrariam muitos obstáculos. Os Estados Unidos também leram corretamente as intenções de Bhutto, especialmente após o ensaio nuclear indiano. Islamabad, no entanto, esperava que os Estados Unidos compreendessem a ansiedade estratégica do Paquistão após o teste e ficou desapontado quando, em vez de penalizar a Índia, os Estados Unidos estavam de olho nas actividades de aquisição do Paquistão, ao mesmo tempo que dissuadiam os aliados ocidentais da cooperação nuclear com o Paquistão. A estratégia do Paquistão consistia em manter as suas actividades de aquisição dentro dos limites da legislação comercial do país e, se necessário, operar dentro das zonas cinzentas legais. Quando os indivíduos eram apanhados, o Paquistão por vezes negava oficialmente as alegações dos EUA e desassociava-se das actividades ilegais. Noutras ocasiões, explicava em privado aos Estados Unidos que tinha de fazer o que era do seu interesse nacional. O Paquistão recorria então à diplomacia para atenuar os danos, especialmente durante os períodos críticos da

Guerra Fria, quando o papel do Paquistão era estrategicamente importante para os objectivos de segurança dos EUA. Esta espécie de jogo do gato e do rato prolongar-se-ia por três décadas.

O Canadá e a Alemanha seguiram o exemplo dos Estados Unidos, recusando-se a fornecer uma unidade de fabrico de combustível nuclear e uma unidade de produção de água pesada, respetivamente. Os Estados Unidos pressionaram a França a anular o seu acordo de fornecimento de uma instalação comercial de reprocessamento de combustível. Perante esta tendência, o Paquistão considerou que, para evitar conflitos, tinha de se manter à frente do jogo.

Para ganhar a confiança da França, o Paquistão concordou com todas as condutas impostas pelo fornecedor estrangeiro: o PAEC estava pronto e disposto a aceitar todas as condições para as centrais e equipamento importados, a colocar as instalações sob as salvaguardas da AIEA e a cumprir quaisquer outras obrigações legais exigidas pelo país exportador. Na altura, a política do Paquistão consistia em adquirir capacidades nucleares sem violar o direito internacional, prejudicar a sua posição diplomática ou pôr em risco a boa reputação da PAEC junto da AIEA. Além disso, o país não podia dar-se ao luxo de pôr em risco o seu apoio político e económico junto das organizações internacionais, uma vez que as políticas económicas de Bhutto tinham praticamente paralisado a economia.

Mais tarde, os funcionários paquistaneses viriam a salientar que, ao contrário da Índia, o Paquistão não violava quaisquer acordos internacionais de salvaguarda e cumpria sempre os contratos com o estrangeiro. No entanto, as suas preocupações e apelos caíram em saco roto. Na perspetiva ocidental, o teste da Índia era um facto consumado e a verdadeira preocupação eram os efeitos em cascata da proliferação horizontal. O Paquistão era um Estado obviamente visado. Não membro do TNP e conhecido pela sua rivalidade estratégica com a Índia, o Paquistão iria certamente reagir de alguma forma à provocação da Índia; assim, mesmo a aquisição pacífica de tecnologias nucleares teria intenções militares.

De forma bastante trágica para o Paquistão, quanto mais publicitava a sua angústia e as suas dificuldades de segurança ao mundo, mais apoiantes perdia. O Paquistão estava sozinho para acabar com os seus problemas com a Índia.

Em dezembro de 1976, o Canadá cortou abruptamente todos os fornecimentos, incluindo combustível nuclear, água pesada, peças sobresselentes e apoio técnico à KANUPP. Os cientistas da PAEC revelaram que a retirada súbita de pessoal tinha posto em perigo a segurança da central. As comunidades diplomática e científica paquistanesas estavam agora irritadas com o facto de o Canadá, apesar de ter razões para estar aborrecido com as acções da Índia, estar a projetar a sua raiva no Paquistão. Claramente, quando o Paquistão pediu ajuda à China para a segurança da KANUPP, a China não foi apenas solidária; tinha outros incentivos - especialmente a oportunidade de examinar um reator de potência de fabrico ocidental.

Sob a liderança populista de Zulfiqar Ali Bhutto, o apoio público ao programa nuclear desenvolveu-se rapidamente. A retórica governamental sobre a injustiça, a discriminação e o tratamento injusto do Paquistão ganhou apelo popular e reforçou o tema "nunca mais". A linha do governo também fez com que se generalizasse a convicção de que o Ocidente estava determinado a impedir que um país muçulmano adquirisse uma capacidade nuclear. Esta perceção, associada às dificuldades de segurança do Paquistão, exacerbou o sentimento nacional de isolamento. Em meados da década de 1970, Bhutto tinha perdido a confiança na sua aliança com o Ocidente e orientou a sua política externa para o Movimento dos Não Alinhados (MNA) e para a Organização da Conferência Islâmica (OCI). Bhutto defendeu abertamente as causas do Terceiro Mundo, do Norte-Sul, da divisão e do Islão.

Além disso, as tendências socialistas do primeiro-ministro levaram-no a procurar amizades mais fortes no Leste. As suas propostas à China e à Coreia do Norte no sentido de adquirirem organizações estratégicas e de defesa convencionais dos três países para negociar entre si. [7] Os cientistas paquistaneses adoptaram rapidamente técnicas de engenharia inversa e novos métodos de substituição técnica. Bhutto estava confiante de que os seus doutorados em ciência e tecnologia com formação ocidental seriam capazes de dominar estas artes, permitindo-lhes assim copiar e personalizar novas tecnologias. [8] Contudo, a engenharia inversa nem sempre era possível, uma vez que a fábrica de reprocessamento francesa proibia a cópia ou a reprodução de desenhos.

Em 4 de abril de 1979, Zulfiqar Ali Bhutto, o pai político da bomba paquistanesa, foi enforcado. Apenas dois dias depois, a 6 de abril, a administração Carter aplicou a Lei Symington ao Paquistão e suspendeu a ajuda. Embora não houvesse uma relação causal direta entre as sanções dos EUA e a morte de Bhutto, alguns teorizam que o desrespeito de Zia ul Haq pelo apelo de clemência do Presidente Carter poderá ter desencadeado a ira de Washington. [1] Se a lei Symington tinha como objetivo punir o Paquistão, apenas reforçou a determinação deste país em prosseguir o seu programa nuclear.

A perseguição da central de reprocessamento francesa: Munir Ahmed Khan , Presidente do PAEC, trabalhou treze anos na AIEA na Divisão de Energia Nuclear e Reactores e tinha muitos amigos e contactos na Europa. Tinha um conhecimento profundo das tecnologias de reactores de potência e de reprocessamento e estava bem ciente do papel pioneiro da França no reprocessamento e na extração de plutónio. Após a sua nomeação como presidente do PAEC, Munir regressou a Viena para terminar oficialmente o seu emprego na IAEA. Aí encontrou-se com um delegado francês para discutir a possível venda de uma fábrica de reprocessamento ao Paquistão.

A França estava ansiosa por obter lucros com o comércio nuclear com os países em desenvolvimento. [1] O Paquistão estava igualmente entusiasmado em aproveitar a fonte francesa, uma vez que esta contribuiria para o saber-fazer em matéria de reprocessamento e ajudaria a formar cientistas paquistaneses na fase final do ciclo do combustível. Outros países ocidentais, como a Alemanha Ocidental e a Itália, também estavam dispostos a partilhar tecnologias de reprocessamento, tal como tinham feito com o Brasil. [13] No entanto, uma vez que a França não era signatária do TNP na altura, o PAEC concluiu que o país poderia não se sentir demasiado obrigado a insistir em condições ou salvaguardas rigorosas.

A empresa francesa Saint-Gobain Technique Nouvelle (SGN) especializou-se no reprocessamento de combustível usado e na extração de plutónio através do método de extração por solventes.

Os planos de aquisição de uma unidade de reprocessamento estavam "na prancheta" no final da década de 1960 e, já nessa altura, a SGN era um parceiro disponível. Com efeito, um relatório da Comissão de Planeamento cita a aprovação do Comité Executivo do Conselho Económico Nacional (ECNEC) para a aquisição de instalações de reprocessamento, uma instalação de fabrico de combustível para o KANUPP, uma fábrica de água pesada de 13 toneladas por ano para Multan e uma fábrica de extração de plutónio.

Nas primeiras conversações do Paquistão com a SGN, após 1972, a unidade de reprocessamento considerada era modesta, com uma capacidade de apenas trinta toneladas. No entanto, durante as negociações, a SGN sugeriu uma central com capacidade para cem toneladas de combustível para reactores, uma vez que era rentável apenas com uma diferença marginal de preço. Dado que os planos a longo prazo do Paquistão exigiriam uma central de maiores dimensões, o Paquistão concordou e as duas partes começaram a discutir se a transferência deveria ser efectuada numa base "chave na mão" ou se a SGN deveria projetar a central e o Paquistão construí-la. Por fim, optaram pela opção seguinte.

Foram assinados dois acordos distintos entre o PAEC e a SGN para a construção de uma unidade de reprocessamento à escala industrial em Chashma, na província de Punjab. O primeiro contrato, assinado em março de 1973, dizia respeito ao projeto de base da unidade; o segundo, assinado em 18 de outubro de 1974, previa um "projeto pormenorizado" e a construção da unidade. Neste último contrato, a SGN comprometeu-se a fornecer projectos, desenhos e especificações; a proceder à aquisição de equipamento junto dos fornecedores; e a colocar a fábrica em funcionamento. Em troca, a SGN ganharia 10 milhões de dólares e os outros empreiteiros franceses mais de 45 milhões de dólares. A França estava também a tentar obter mais encomendas - pelo menos três a quatro reactores de 600 MW, caças-bombardeiros Mirage e outro equipamento para o Paquistão e outros Estados árabes.

Os peritos franceses questionaram a justificação económica e industrial de uma central de reprocessamento com uma capacidade de cem toneladas por ano no Paquistão. Em resposta, o PAEC apresentou à França o relatório da AIEA de outubro de 1973, que justificava a construção de vinte e quatro reactores nucleares no Paquistão até ao final do século. No entanto, o projeto da AIEA foi alvo de críticas, sobretudo após o ensaio nuclear indiano, devido a dúvidas sobre as verdadeiras intenções do Paquistão. Não se sabe se o projeto de construção de vinte e quatro reactores de potência foi um estratagema para justificar a compra em curso de uma central de reprocessamento de cem toneladas, ou vice-versa. As energias excessivas do PAEC dedicadas à compra da central de reprocessamento estavam a levantar dúvidas sobre a sua utilização para fins pacíficos. No entanto, de um ponto de vista técnico, a central de reprocessamento teria produzido combustível suficiente para reduzir a dependência do Paquistão das escassas reservas de urânio e aumentar a autossuficiência do país.

Após o ensaio nuclear realizado pela Índia em 1974, a França insistiu para que a central de reprocessamento fosse colocada sob as salvaguardas da AIEA. Embora desagradado, o Paquistão decidiu não provocar uma confrontação e concordou com a nova exigência, remetendo o pedido francês para o Conselho de Governadores da AIEA. A venda foi finalmente aprovada em 1976 e, no mês seguinte, o Paquistão e a AIEA chegaram a um acordo. A instalação de reprocessamento de Chashma passaria a estar sob inspeção e salvaguardas totais da AIEA e o Paquistão comprometeu-se a não desviar os materiais para o fabrico de armas nucleares ou qualquer outro fim militar.

Enquanto decorriam as negociações relativas às salvaguardas da AIEA e ao projeto do SGN, os franceses começaram a mudar de posição, manifestando a preocupação de que, uma vez obtido o projeto pormenorizado pelo Paquistão, não seria necessário recorrer a ajuda externa para o construir no país. Os franceses começaram a propor uma série de opções destinadas a deixar passar a compra, mantendo o objetivo pacífico da instalação. Foi proposto ao Paquistão um novo projeto para a central, cujo produto final seria um combustível de óxido misto em vez de plutónio. Munir Khan tentou argumentar com os seus homólogos franceses que o Paquistão não tinha intenção de adquirir ou construir reactores reprodutores, pelo que o combustível de óxido misto não teria qualquer utilidade. O

Ministro dos Negócios Estrangeiros Agha Shahi rejeitou formalmente a proposta francesa alterada, insistindo que o Paquistão tinha cumprido todas as suas obrigações e concordado com as salvaguardas da AIEA, pelo que não aceitaria quaisquer alterações ao acordo original.

Perante este revés, os dirigentes paquistaneses consideraram que o acordo SGN nunca seria concretizado. Em breve Islamabad começou a acreditar que as potências ocidentais tinham aceite a entrada de facto da Índia no clube nuclear, mas estavam determinadas a bloquear o Paquistão por todos os meios possíveis. Era óbvio que a França estava a agir sob uma enorme pressão dos Estados Unidos e, nessa altura, Kissinger estava a pressionar diretamente Bhutto, com cenouras e paus, para que parasse com o seu programa nuclear.

Se Bhutto tinha planeado continuar a pressionar a França sobre o acordo como estratégia para proteger o urânio altamente enriquecido (HEU) secreto, os diplomatas paquistaneses no estrangeiro não estavam aparentemente em sintonia com esta estratégia nacional. Foram cometidas várias gafes, mas felizmente o Paquistão safou-se.

A central de reprocessamento de Chashma provocou muita controvérsia, tanto no Paquistão como no estrangeiro. Os críticos nacionais puseram em causa a utilidade da instalação de reprocessamento para o programa de armas nucleares, uma vez que estava sujeita a todas as salvaguardas da AIEA, enquanto outros, fora do Paquistão, manifestaram dúvidas quanto à eficácia dessas mesmas salvaguardas. Outra questão controversa era o facto de a central

KANUPP de 137 MW, também sob as salvaguardas da AIEA, ser a única fonte de combustível nuclear irradiado para o reprocessamento de Chashma. Este ponto levantou a questão de saber se, caso a central de reprocessamento fosse adquirida, a PAEC violaria as salvaguardas internacionais relativas à KANUPP e desviaria o combustível irradiado para reprocessamento em Chashma.

Teoricamente, este cenário era possível. O combustível usado da KANNUP, se e quando reprocessado, poderia produzir plutónio suficiente para algumas armas. De acordo com uma análise da CIA de 1978, o KANUPP poderia produzir entre 132 e 264 libras de plutónio de qualidade de reator ou de arma, dependendo da forma como o reator fosse optimizado para funcionar. [27] Mas as salvaguardas da AIEA eram demasiado rigorosas, tornando o desvio extremamente difícil.

Por fim, os planos do Paquistão para adquirir plutónio seguiram outro caminho. O PAEC planeava construir internamente um reator do tipo NRX de 50-70 MW, que estaria fora do âmbito de quaisquer salvaguardas, mas o projeto foi arquivado devido à falta de mão de obra e de meios financeiros.

Novos laboratórios: Extração de Plutónio Indígena: Enquanto prosseguiam as negociações com a França para a instalação de reprocessamento comercial, a PAEC começou secretamente a trabalhar numa instalação de reprocessamento à escala piloto. Esta fábrica tinha um décimo da dimensão da fábrica de Chashma e, uma vez concluída, produziria plutónio de qualidade militar suficiente para uma a três bombas por ano. Localizada perto da PINSTECH, esta pequena fábrica era conhecida como "New Labs".

O principal objetivo dos Novos Laboratórios era formar cientistas e engenheiros do PAEC no domínio sensível do reprocessamento. O mesmo pessoal formado poderia depois ser contratado para trabalhar na fábrica de reprocessamento comercial de maiores dimensões que estava a ser construída em Chashma. Uma vez concluídos, os Novos Laboratórios tinham capacidade para reprocessar anualmente 10-20 kg de combustível de reator usado e o plutónio obtido era suficiente para, pelo menos, duas a quatro bombas atómicas por ano.

VALSA NUCLEAR: BHUTTO E KISSINGER: Três meses após os testes nucleares da Índia, o Presidente Richard Nixon demitiu-se. O Paquistão tinha perdido um verdadeiro amigo. Nessa altura, a economia paquistanesa estava em apuros, na sequência de uma má colheita de trigo. Bhutto pedia ajuda alimentar ao mesmo tempo que expandia o programa nuclear - aparentemente inconsciente de que estava a cumprir a sua promessa de comer erva. Foi nestas circunstâncias que Bhutto e Kissinger começaram a discutir verbalmente o programa nuclear paquistanês. Dada a difícil situação do Paquistão, Bhutto abordou a administração Ford pedindo apenas duas coisas - assistência económica, em particular ajuda alimentar, e o fim do embargo às armas. Deu várias indicações aos Estados Unidos de que, se as forças convencionais do Paquistão fossem reforçadas, as armas nucleares poderiam não ser necessárias.

Em fevereiro de 1975, Bhutto visitou Washington, precisamente na altura em que cresciam as preocupações com as capacidades nucleares paquistanesas, em particular com a compra de combustível para reprocessamento. O primeiro-ministro foi bem sucedido e, em 24 de fevereiro, o Capitólio levantou oficialmente o embargo de armas que tinha sido imposto ao Paquistão nos últimos dez anos. Os funcionários dos EUA não estavam menos preocupados com os planos de compra do Paquistão para a fábrica de reprocessamento francesa, que, na sua avaliação, era demasiado grande para as necessidades de combustível da KANUPP. Concluíram rapidamente que o objetivo final da fábrica não era outro senão fornecer o combustível para um programa de armas de plutónio. No início de 1976, o regime de não-proliferação tinha começado a apertar os seus controlos de exportação porque o Paquistão, bem como outros países, estavam todos envolvidos em actividades nucleares preocupantes. Na vanguarda, os Estados Unidos lançaram-se numa "diplomacia musculada" para fazer descarrilar os programas suspeitos. [30] Em fevereiro de 1976, Kissinger encontrou-se com Bhutto em Nova Iorque e sugeriu que as necessidades do Paquistão seriam resolvidas através de meios alternativos, como a criação de uma instalação internacional de processamento de combustível no Irão. Escusado será dizer que a reunião ficou num impasse.

Numa outra tentativa de dissuadir o Paquistão do seu caminho nuclear, Kissinger visitou o Paquistão em agosto de 1976. Ao mesmo tempo, as eleições americanas estavam a dar início a debates e a agenda do democrata Jimmy Carter visava especificamente Kissinger e a sua reação relaxada ao ensaio nuclear da Índia. A segunda viagem de Kissinger ao Paquistão foi uma tentativa de remediar os seus erros. Chegou com uma oferta de 110 bombardeiros de ataque A-7 para a Força Aérea paquistanesa em troca do cancelamento da compra da central de reprocessamento, indicando que o Congresso aprovaria muito provavelmente esse acordo. E como bengala, brandiu uma possível vitória democrata, dando a entender que, quando estivesse no poder, Carter iria certamente fazer do Paquistão um exemplo. Desde esse encontro, o mito popular no Paquistão tem sido que Kissinger ameaçou Bhutto com "um exemplo horrível", o que significava um ultimato. Mais tarde, nesse mesmo ano, Jimmy Carter ganhou as eleições presidenciais nos Estados Unidos, ao mesmo tempo que Bhutto anunciava a realização de eleições no Paquistão em março de 1977. Ao assumir a presidência, Carter rapidamente recusou a recomendação do Pentágono de vender as bombas de ataque A-7 ao Paquistão. Em resposta, Bhutto ameaçou abandonar o CENTO, alegando que este discriminava o Paquistão. O Paquistão abandonou efetivamente o tratado em 1979 e aderiu à NAM.

Mas o primeiro-ministro paquistanês teve de se concentrar na sua situação interna, pois começaram a espalhar-se grandes protestos contra ele, acusando-o de ter manipulado as eleições. A situação interna do Paquistão continuou a deteriorar-se. Bhutto suspeitava verdadeiramente que os Estados Unidos tinham canalizado dinheiro para os seus opositores islâmicos, que assim estimularam os protestos. Inquietos, os militares paquistaneses liderados por Zia-ul-Haq derrubaram Bhutto a 5 de julho de 1977. A partir desse dia, as relações entre os EUA e o Paquistão deterioraram-se rapidamente.

O Paquistão não foi o único país da região a sofrer perturbações políticas. Na Índia, o governo da Sra. Gandhi perdeu as eleições indianas e, pela primeira vez na história do país, uma nova fação política, o Partido Janata, chegou ao poder. No Irão, também se geravam problemas contra o Xá, que acabaria por ser derrubado em 1979. E no Afeganistão, o regime de Daoud enfrentaria tensões internas que acabariam por conduzir ao fim do seu reinado em 1978.

Três meses depois de Zia ter tomado o poder no Paquistão, em setembro de 1977, o especialista nuclear do Departamento de Estado, Joseph Nye, Jr., visitou Islamabad e ameaçou cortar a assistência económica se a compra da central de reprocessamento francesa fosse bem sucedida. Nessa altura, o Paquistão recebia apenas 50 milhões de dólares de ajuda anual, pelo que o novo líder não tinha qualquer incentivo para concordar e informou claramente Nye de que tencionava avançar com o projeto. Em resposta, foram aplicadas sanções nucleares pelos EUA e apenas a ajuda alimentar continuou. Este ponto foi o mais baixo da história entre os EUA e o Paquistão.

Por esta altura, sem o conhecimento dos Estados Unidos e do público paquistanês, a elite nuclear paquistanesa embarcou na rota do urânio altamente enriquecido para as armas nucleares.

Referência: Capítulo XI:

[1] Feroze Hassan Khan :" Eating Grass" Pub. Stanford University Press, Stanford, E.U.A. (2012)

CAPÍTULO 12: EM BUSCA DO SISTEMA DE MÍSSEIS DO PAQUISTÃO:

Embora os mísseis balísticos sejam atualmente a base do sistema de lançamento nuclear do Paquistão, a aquisição, o desenvolvimento, os testes de voo e a introdução de mísseis balísticos nos arsenais estratégicos paquistaneses foi um processo tão árduo como o desenvolvimento do programa nuclear uma década antes. Tal como no caso da sua abordagem ao programa nuclear, o Paquistão evitou inicialmente investir em foguetões, mísseis balísticos ou num programa espacial quando existia uma oportunidade de adquirir tecnologia através da cooperação. Depois, uma série de crises militares em meados da década de 1980 e os bem sucedidos testes de mísseis indianos Prithvi e Agni estimularam o desenvolvimento de um modesto programa paquistanês de foguetões. No entanto, foram as crises militares do verão de 1990 e o subsequente choque das sanções nucleares dos EUA no mesmo ano que impulsionaram a aquisição de tecnologia de mísseis a toda a velocidade.

Quando o Paquistão tentou responder à série de testes de mísseis lançados pela Índia em 1988 e 1989, o Ocidente deu a Islamabad o mesmo conselho que tinha dado relativamente ao programa nuclear: As aquisições da Índia deviam ser ignoradas e o Paquistão devia assumir a sua posição moral e aderir às normas de não proliferação. Tal como antes, a dependência da ajuda económica e militar tornou o Paquistão mais vulnerável à coerção ocidental. Os Estados Unidos praticamente abandonaram a região, impuseram sanções nucleares e recusaram-se a fornecer ao Paquistão mais F-16 - o principal veículo de lançamento de ogivas nucleares do Paquistão. Assim, quanto mais o Ocidente, especificamente os Estados Unidos, pressionava o Paquistão a exercer contenção, mais crescia a sua determinação em igualar a força estratégica da Índia. Mais uma vez, Islamabad encarou o tratamento da Índia como preferencial e o do Paquistão como um castigo por ter resolvido as suas preocupações de segurança.

De facto, a cultura estratégica do Paquistão é a melhor explicação[1] para o seu quase pânico em enfrentar os novos desafios colocados pelo seu principal adversário. À medida que o nacionalismo se apoderava do país isolado, os cientistas e técnicos de mísseis encontravam um novo sentido de orgulho e motivação nas suas tarefas. Não encontrando perspectivas de cooperação na Europa na década de 1990, o Paquistão voltou a olhar para o seu aliado estratégico, a China, e para os fornecedores dispostos no Extremo Oriente. Previsivelmente, surgiria outro padrão familiar - a rivalidade interlaboratorial entre a Comissão Paquistanesa de Energia Atómica (PAEC) e o Laboratório de Investigação Khan (KRL), desta vez para dominar as tecnologias de combustível sólido e líquido para mísseis.

Desenvolvimento inicial de mísseis paquistaneses: No início da década de 1980, a chegada dos caças F-16 dos Estados Unidos proporcionou ao Paquistão um método operacionalmente fiável de lançamento do seu arsenal nuclear nascente. Os testes frios que incluíam simulações de lançamento de bombas baseavam-se nestes aviões e nos aviões de ataque Mirage-V de França. A longa dependência do Paquistão da assistência dos EUA forçou a liderança a oferecer o congelamento do seu programa nuclear em troca de uma cooperação militar renovada. Em resposta, os Estados Unidos fizeram novas exigências: destruir os núcleos nucleares existentes e "fazer recuar a sua capacidade para o outro lado da linha".[1] É evidente que alguns F-16 não valiam o sacrifício do programa nuclear, pelo que, depois de absorver a descrença e o choque, o Paquistão começou a considerar um sistema de lançamento alternativo. Os Estados Unidos tinham sobrestimado a sua influência e, inadvertidamente, alimentaram o programa de mísseis paquistanês. A partir dessa altura, o desenvolvimento de mísseis juntou-se às armas no topo das prioridades de segurança nacional do Paquistão.

Ao longo das décadas de 1960 e 1970, tanto o Paquistão como a Índia tinham desenvolvido algumas tecnologias básicas de foguetões e de lançamento espacial através das suas actividades espaciais civis

mas só quando este último iniciou o seu Programa Integrado de Desenvolvimento de Mísseis Guiados (IGMDP), em 1983, é que a corrida aos mísseis começou a sério.

A Comissão de Investigação sobre o Espaço e a Atmosfera Superior (SUPARCO), criada em 1961, pertencia originalmente à secção de investigação em ciências espaciais do PAEC, antes de se tornar uma organização autónoma em 1964. Estas entidades colaboraram com a Administração Nacional da Aeronáutica e do Espaço (NASA) dos EUA em junho de 1962 para lançar os "foguetões de sondagem" paquistaneses Rehbar-I e Rehbar-II. A eventual capacidade do Paquistão para desenvolver um programa de mísseis balísticos derivou dos conhecimentos que os seus cientistas obtiveram através da sua cooperação com a NASA em matéria de foguetões de sondagem.

Mísseis de motor sólido: Para além de alguns mísseis balísticos imprecisos e dos Scuds soviéticos que foram disparados do Afeganistão para as áreas tribais paquistanesas, o Paquistão tinha muito pouco com que iniciar um programa de mísseis. [5] A SUPARCO, com a ajuda do KRL, uma equipa combinou apressadamente várias tecnologias disponíveis para produzir os primeiros mísseis superfície-superfície, denominados Hatf I e Hatf II. O Hatf I é um míssil de motor sólido de uma só fase, de alcance no campo de batalha, capaz de transportar uma carga útil de quinhentos quilos num alcance máximo de oitenta a cem quilómetros. O Hatf II era uma versão modificada do Hatf I e é composto por uma segunda fase e por um novo motor de impulso adicionado à primeira fase - continua a ser um míssil de curto alcance, mas com maior alcance e capacidade de carga útil. Em resposta à demonstração do míssil balístico Prithvi pela Índia, em fevereiro de 1989 o Paquistão testou os dois mísseis Hatf e declarou que os testes tinham sido um êxito. Em maio de 2002, no auge da crise com a Índia, o Hatf II /Abdali foi testado em voo juntamente com outras categorias de mísseis e mais tarde foi finalmente introduzido no comando da força estratégica do exército.

Cooperação estratégica em matéria de mísseis: China: A opção lógica de Islamabad era pedir ajuda ao seu aliado estratégico de longa data, a China. Convenientemente, a China não era membro do MTCR na altura e opunha-se, por princípio, aos cartéis de controlo das exportações.

Ghaznavi (Hatf-III) : Fontes americanas acreditam que as transferências iniciais de cerca de trinta mísseis M-11 montados foram feitas para o Paquistão em 1992. A transferência chinesa da tecnologia do M-11 destinava-se apenas a ogivas altamente explosivas. Depois de ter sido submetido a modificações de conceção, um novo míssil denominado Ghaznavi pode transportar uma carga útil de quinhentos quilos, suficiente para uma ogiva nuclear de segunda geração, mas não adequada para as armas paquistanesas de primeira geração, mais pesadas. O míssil tem um sistema de orientação inercial e utiliza palhetas de jato no bocal para fazer correcções de trajetória durante a fase de impulso. Nos três anos seguintes, foram introduzidas novas melhorias técnicas nas áreas de proteção térmica e, após vários testes, um novo lote de mísseis Ghaznavi foi introduzido no Comando das Forças Estratégicas do Exército (ASAF) em abril de 2007. Finalmente, em fevereiro de 2008, a ASAF realizou com êxito o ensaio de voo deste míssil.

Shaheen: Hatf IV e VI: O míssil designado Shaheen -I (Hatf -IV) foi apresentado publicamente pela primeira vez no desfile do Dia Nacional em março de 1999, tendo sido depois submetido a vários testes de voo. O Shaheen -I é um míssil balístico de curto alcance, de uma só fase, de combustível sólido, móvel na estrada, com um alcance máximo de setecentos quilómetros e capaz de transportar uma carga útil de quinhentos quilos. Em janeiro de 2008, foi realizado com êxito um ensaio de voo do Shaheen-I e o míssil está atualmente operacional.

Shaheen - II/ Hatf-VI: O Shaheen II foi exibido pela primeira vez durante um desfile nacional em outubro de 2003. O primeiro teste de voo do Shaheen-II de vinte e cinco toneladas ocorreu em março de 2004 no Somiani Flight Test Range, no Mar Arábico, e alegadamente percorreu 1880 km. O Shaheen II foi submetido a mais quatro ensaios, em março de 2005, abril de 2006, fevereiro de 2007 e abril de 2008. O último teste foi efectuado pela ASAF, o que indica que foi introduzido no arsenal do exército. Deve acrescentar-se aqui que os propulsores sólidos utilizados nos mísseis da série M têm um prazo de validade finito. Após esse período, a segurança e a fiabilidade ficam cada vez mais comprometidas. Por isso, o Paquistão começou a procurar combustível líquido.

PORQUÊ combustível líquido?: O Paquistão[1] desenvolveu uma ligação estratégica com o impopular regime da Coreia do Norte, que vendia tecnologias não testadas e relativamente pouco atractivas, numa tentativa de adquirir uma plataforma de combustível líquido. Porque é que o Paquistão quereria um míssil de combustível líquido quando tem acesso a combustível sólido da China? Afinal, Islamabad já estava sob sanções nucleares, o que tornava esta aquisição um risco político que poderia alienar o Japão e os Estados Unidos.

Três razões podem explicar a razão desta escolha. Em primeiro lugar, as características de alcance - carga útil dos sistemas de propulsão sólida da China limitaram a capacidade do Paquistão de lançar uma arma nuclear no coração do território indiano. O míssil norte-coreano Nodong tem uma maior capacidade de carga útil máxima (700 a 1000 kg) e pode cobrir mais território (mil a trezentos quilómetros). Além disso, a tecnologia de combustível líquido da Coreia do Norte foi oferecida a preços baixos, uma vez que tanto o comprador como o vendedor eram países pobres com requisitos de segurança nacional e exigências económicas de alto nível. Em segundo lugar, as rivalidades interinstitucionais entre o PAEC e o KRL levaram este último a procurar um canal independente para a aquisição de mísseis. As duas instituições tinham um historial de concorrência no programa de armas nucleares e parecia lógico que a rivalidade se estendesse ao sistema de lançamento de mísseis. Finalmente, tanto a Coreia do Norte como o Paquistão estavam desesperados: Pyongyang precisava de outra parte disposta a testar a tecnologia Nodong, uma vez que a geografia norte-coreana não permitia testes frequentes, e o Paquistão sabia que as suas rotas de abastecimento seriam cortadas mais cedo ou mais tarde. O receio de rejeição não se limitava ao Ocidente, mas estendia-se até à China. A decisão de cooperar com Pyongyang resultou numa competição entre a China e a Coreia do Norte, uma vez que a primeira desencorajou o Paquistão de cooperar estreitamente com Pyongyang. Os negócios de Islamabad com o Estado pária poderiam ter arrastado a China para a controvérsia, mas, mais importante, Pequim usufruiu do monopólio de mercado que detinha relativamente às transferências de tecnologia de mísseis para o Paquistão.

A Coreia do Norte e o KRL: Já em junho de 1992, representantes do KRL e funcionários governamentais de agências importantes visitaram o centro de desenvolvimento de mísseis guiados de Sanum-dong, na Coreia do Norte, para examinar o Nodong. A tecnologia do Nodong baseia-se num sistema de mísseis soviético que se especula ser "uma versão melhorada do míssil soviético R-17.[1] A estrutura básica do míssil é feita de aço, enquanto outras secções são feitas de alumínio. O sistema de propulsão é um motor alimentado a líquido que utiliza uma combinação de ácido nítrico fumegante vermelho inibido e querosene. Durante a fase de impulso, são utilizadas quatro palhetas de jato para o controlo do vetor de impulso, e pensa-se que o míssil também utiliza três giroscópios montados no corpo para o controlo da altitude e da aceleração lateral. Com uma carga útil de 700 a 1300 kg, o Nodong é capaz de transportar ogivas convencionais e nucleares altamente explosivas.

O acordo foi cimentado no final de 1995 e os mísseis foram entregues no outono de 1997. Tal como os chineses tinham criado uma instalação chave-na-mão para os mísseis de combustível sólido da série M, a Coreia do Norte empreendeu um esforço paralelo para os mísseis de combustível líquido.

Ghauri/ Hatf--V: O Ghauri (Hatf-V) é um míssil de propulsão líquida, de uma só fase, capaz de transportar uma carga útil de 700 a 1300 kg a uma distância estimada de oitocentos a mil e quinhentos km. Foi testado pela primeira vez no Paquistão em abril de 1998. Foram realizados dois voos de ensaio adicionais, em abril de 1999 e maio de 2002; desde então, o Paquistão realizou vários ensaios de voo do Ghauri-I: em abril de 1999, maio de 2002, maio de 2004, junho de 2004, outubro de 2004 e novembro de 2006. Em fevereiro de 2008, o Grupo de Mísseis Estratégicos (SMG) da ASAF testou o Ghauri como parte de um exercício, indicando a sua utilização operacional.

Ghuri II e III: As melhorias, a engenharia inversa e a sinergia de conhecimentos de várias organizações estratégicas permitiram que o projeto Ghauri continuasse com os mísseis Ghauri II e III, cujos alcances se destinavam a atingir mais profundamente a Índia. Os planos a longo prazo do Paquistão são confidenciais, mas é evidente que os mísseis balísticos continuarão a ser a base do arsenal e que os técnicos se concentrarão em melhorar os alcances e a precisão, bem como os sistemas de reentrada, telemetria e orientação.

Quid Pro Quo ou dinheiro? Em fevereiro de 2004, o Paquistão admitiu publicamente que a tecnologia de mísseis da Coreia do Norte tinha sido obtida com dinheiro. [10] Em março de 2003, os Estados Unidos impuseram sanções à KRL e à empresa norte-coreana Chaggwang Sinyong Corporation por envolvimento em actividades de proliferação.

Mísseis de cruzeiro:

Babur/Hatf-VII: Islamabad foi ainda mais pressionado a reagir quando teve início o programa de cooperação da Índia com a Rússia para o desenvolvimento do míssil de cruzeiro supersónico Brahmos. Em agosto de 2005, o Paquistão realizou o primeiro ensaio do seu míssil de cruzeiro Babur (Hatf -VII). O Babar é um míssil subsónico que pode transportar cargas nucleares e convencionais e tem um alcance de setecentos quilómetros, embora o seu alcance após o ensaio tenha sido de quinhentos quilómetros. É um míssil que se adapta ao terreno, dificultando a deteção por radares terrestres. [12] O Paquistão afirma que a sua tecnologia de mísseis de cruzeiro foi desenvolvida internamente, mas os peritos americanos suspeitam que o Babar se baseia no míssil chinês DH-10.

Ra ad/Hatf-VII: Em abril de 2011, o Paquistão introduziu um novo sistema de armas. Um lançador de foguetes de curto alcance, superfície-superfície, com dois tubos, que se crê ser um lançador múltiplo de foguetes de conceção chinesa, está montado num lançador de oito rodas que transporta um míssil balístico de 20 pés com um diâmetro de cerca de 3000 mm. O sistema é capaz de transportar ogivas convencionais ou nucleares. Atualmente, discute-se se um sistema deste tipo terá ou não um efeito dissuasor no campo de batalha. Seja como for, a introdução de um tal sistema de armas nucleares no campo de batalha colocará três grandes desafios que afectam a estabilidade. Em primeiro lugar, o seu curto alcance justificaria a sua instalação perto das tropas paquistanesas, junto à fronteira, o que aumentaria as questões de segurança no terreno; em segundo lugar, o comando e o controlo de um sistema deste tipo serão muito complicados, pondo em causa a necessidade de manter o controlo central ou de o delegar em formações no terreno para uma maior eficácia de combate; e, por último, um sistema de combate deste tipo, com os seus sinais peculiares, induzirá provavelmente pressões preventivas sobre a Índia ou qualquer outro adversário para que ataque com armas convencionais, desencadeando assim uma guerra prematura ou mesmo involuntária. [13]

Utilização de mísseis e impacto estratégico: A força de mísseis do Paquistão satisfaz a maior parte das necessidades estratégicas do país, pelo menos as que se relacionam com a Índia. E uma vez que o Paquistão não tem atualmente grandes aspirações regionais ou outros adversários ameaçadores, o desenvolvimento de mísseis intercontinentais não será uma prioridade para Islamabad. Pelo contrário, o aumento da sua autossuficiência na área do desenvolvimento e produção de mísseis de curto e médio alcance será muito provavelmente o foco das actividades futuras do Paquistão.

Capítulo-XII-Relação

[1] Feroze Hassan Khan :" Eating Grass" Pub. Stanford University Press, Stanford, E.U.A. (2012)

CAPÍTULO 13: UM PAQUISTÃO NUCLEAR E A SUA PERSPECTIVA DE FUTURO:

O Paquistão sofreu vários choques nos dez anos que se seguiram à exposição da rede de A.Q. Khan. O panorama estratégico alterou-se drasticamente e a situação interna é particularmente preocupante. Os terroristas e o extremismo violento ameaçam impor a sua vontade através de um desafio contínuo à autoridade do Estado. Depois de anos de combates no Afeganistão, as perspectivas de estabilidade e de paz parecem pouco animadoras. Os Estados Unidos intensificaram os ataques antiterroristas contra supostos redutos de militantes nas zonas fronteiriças tribais, e as forças armadas paquistanesas estão a dar assistência a estas missões. Entretanto, centenas de ataques suicidas tiveram como alvo hotéis paquistaneses, mercados, santuários sufis, gabinetes governamentais e quartéis-generais militares. À medida que as forças políticas lutam pelo poder e pela influência, os conflitos sectários e étnicos afectam todo o país - sobretudo em Karachi e no Baluchistão. A instabilidade política que se segue e a queda da economia estão a corroer o Estado a partir do seu interior, mesmo quando o país progride constantemente em direção aos seus objectivos estratégicos de armamento.

Tendo sobrevivido a mais de quatro décadas de provações e tribulações, o programa nuclear tem sido alimentado por uma cultura estratégica repleta de queixas históricas, derrotas militares e paranoia. O Paquistão[1] adquiriu, construiu, assegurou e geriu uma das tecnologias mais avançadas do mundo e tem boas razões para se orgulhar da sua capacidade. Não há praticamente nenhum outro feito comparável na história do país. Atualmente, as forças armadas e a burocracia civil, da direita religiosa à esquerda liberal, apoiam a manutenção da capacidade de armamento nuclear do Paquistão. O fator nuclear está tão profundamente enraizado no pensamento sobre a segurança nacional que qualquer passo no sentido do desarmamento seria alvo de forte resistência. Para além disso, existe um forte consenso de que as armas nucleares do Paquistão estão sob a ameaça constante de países hostis, que incluem os Estados Unidos, Israel e a Índia. Os paquistaneses acreditam que o seu arsenal nuclear continua a ser vulnerável a ataques preventivos ou preemptivos, pelo que até um rumor de ataque leva as forças armadas a tomar medidas de precaução. [1]

Não há dúvida de que o povo do Paquistão pagou um preço elevado e muitos dos seus problemas económicos são consequência das decisões de segurança nacional tomadas desde 1972. De facto, a preservação da capacidade nuclear tem sido a pedra angular dos processos de tomada de decisão de muitos dirigentes. Alcançar a capacidade nuclear era um fim em si mesmo e quaisquer meios eram justificados, incluindo obrigar um povo a comer erva em sacrifício. Então, qual será o impacto do arsenal nuclear do Paquistão na trajetória futura do país?

Os pessimistas da proliferação receiam que um Paquistão nuclear encoraje outros Estados a seguir o exemplo e aumente a probabilidade de utilização de armas nucleares no Sul da Ásia. Outros ainda acreditam que as armas nucleares têm de facto exacerbado os problemas de segurança regional e provocado crises, e outros ainda preocupam-se com a possibilidade de os terroristas adquirirem as armas ou os materiais. Os optimistas atribuem a ausência de guerras e a contenção de crises militares a um arsenal de armas nucleares. Essas mesmas pessoas de espírito positivo salientam que não houve nenhuma violação grave da segurança ou da proteção nuclear no país. Afinal de contas, o Paquistão cooperou com a comunidade internacional para acabar com a rede de A.Q. Khan e para melhorar o seu comando e controlo sobre as armas e os materiais.

No entanto, o maior desafio do Paquistão à sua capacidade de dissuasão não tem nada a ver com stocks de material físsil, meios de lançamento ou uma doutrina nuclear ambígua, mas sim com futuras ameaças internas. Para que o Paquistão mantenha um equilíbrio estratégico e evite um conflito crescente com a Índia, tem de manter a coesão social, a estabilidade do governo e um crescimento económico sustentado.

O papel das armas nucleares: Os paquistaneses não vêem qualquer papel para as armas nucleares para além de dissuadir a Índia de travar uma guerra convencional. Era este o objetivo original do programa, que se mantém até hoje --- apesar do facto de o Paquistão ser vulnerável a um ataque indiano por ser internamente fraco e dividido. Esta situação coloca um paradoxo porque a dissuasão nuclear só pode funcionar eficazmente se não existirem outras vulnerabilidades e fraquezas. As vulnerabilidades são tentadoras e põem em causa a credibilidade da dissuasão. De facto, a premissa básica da Índia para travar uma guerra limitada contra o Paquistão é castigar o país em resposta ao que designa por terrorismo patrocinado pelo Estado ou ameaças que são concebidas e levadas a cabo a partir do solo paquistanês com ou sem a conivência do Estado ou das suas entidades. O Paquistão rejeita este raciocínio e argumenta que o Paquistão tem sofrido mais com os extremistas violentos e com as repercussões da instabilidade afegã, e que a Índia está simplesmente a utilizar o ambiente pós 11 de setembro para travar uma guerra contra o seu adversário de longa data. Se a Índia travar uma guerra limitada e conseguir terminá-la nos seus termos, a dissuasão terá falhado. Do ponto de vista paquistanês, para aumentar a sua credibilidade, é forçado a arriscar a utilização de armas nucleares simplesmente para travar a Índia no seu caminho. No entanto, a questão fundamental é que as armas nucleares, por si só, não podem constituir uma segurança nacional eficaz se outros elementos do poder nacional continuarem perigosamente fracos.

Objectivos da Força Emergente: Embora o objetivo das armas nucleares seja claro, o Paquistão ainda está na fase inicial da aprendizagem nuclear. O episódio de Kargil demonstrou que o pensamento estratégico paquistanês era dominado pela lógica militar convencional. Na crise de 2002, a ambiguidade da sua doutrina de utilização nuclear foi analisada e a sua capacidade de dissuasão nuclear foi testada. Enquanto chefe de Estado, Musharraf demonstrou as suas qualidades de estadista ao adotar uma resposta pragmática ao escrutínio internacional e à crise militar com a Índia. E quando se deu a crise de A.Q. Khan, equilibrou cuidadosamente as preocupações nacionais e internacionais. Para o Paquistão, estas experiências constituíram os primeiros passos de uma curva de aprendizagem íngreme num mundo cada vez mais complexo. Décadas de experiência em diplomacia nuclear são úteis mas não suficientes para que a auto-declarada potência nuclear possa enfrentar as nuances das relações internacionais.

O objetivo da posse de armas nucleares para dissuasão contra um ataque convencional foi estabelecido, mas não foi fácil determinar o que constitui um sucesso ou um fracasso da dissuasão. O facto de saber que existe uma bomba na cave não foi suficiente para a Índia desistir dos seus planos de lutar e vencer uma guerra convencional. Para além disso, os paquistaneses reconhecem que a dissuasão funciona principalmente aos olhos de quem vê e, enquanto arma política, as armas nucleares só podem ser credíveis quando são vistas como militarmente utilizáveis. Há mais de uma década, depois de três grandes crises, a Autoridade de Comando Nacional do Paquistão amadureceu na formulação de doutrinas estratégicas, limiares, objectivos e planos de sobrevivência.

Os meios de lançamento do Paquistão foram alargados e diversificados, incluindo no domínio dos mísseis de cruzeiro, que foram recentemente testados. No entanto, as afirmações auxiliares sobre o papel das armas nucleares ainda estão a mudar. Até ao final da primeira década após os ensaios nucleares, tem havido pouca atenção a factores influentes como o estatuto político de se tornar uma potência nuclear, especialmente em termos de assuntos regionais e internacionais. Esta situação poderá mudar na próxima década, especialmente depois de ser conferido à Índia um estatuto especial na ordem mundial nuclear e de o Paquistão ser considerado um caso isolado.

Um Paquistão nuclear: a história de dois futuros: O papel que as armas nucleares poderão vir a desempenhar nas políticas paquistanesas e nos seus compromissos regionais e internacionais dependerá essencialmente de quatro factores: 1- a forma como decorre a guerra contra o terrorismo e o papel que o Paquistão nela desempenhará; 2- a forma como a dinâmica regional afecta a resolução de conflitos e o equilíbrio de poder regional entre a Índia e o Paquistão; 3- a forma como os Estados Unidos actuam na Ásia e em relação ao mundo islâmico, em particular o Irão; 4- a forma como a política interna do Paquistão evolui durante ou após o regime militar. Em função destes desenvolvimentos, é provável que a política nuclear do Paquistão evolua para um ou dois futuros.

O primeiro futuro é moderado e pragmático e ocorrerá se o Paquistão tiver um governo moderado que assegure relações civis-militares equilibradas. Este rumo perpetuaria a perceção que o establishment de segurança nacional tem da força nuclear como um mero instrumento de segurança nacional. Mesmo com as mudanças na dinâmica regional, é provável que siga o padrão previsível que se verificou no passado. O Paquistão continuará a recorrer a uma combinação de técnicas de equilíbrio interno e externo para fazer face às ameaças emergentes. As forças nucleares e convencionais paquistanesas cresceriam a par da modernização das forças da Índia. O seu equilíbrio externo dependerá provavelmente da China, dos países muçulmanos e dos Estados Unidos. Se a economia paquistanesa crescer e se as relações com a Índia melhorarem, não deve ser excluída a probabilidade de uma aprendizagem nuclear ao estilo da Guerra Fria, que inclua medidas de controlo de armamento e de criação de confiança com a Índia.

O outro futuro nuclear é uma mudança radical da abordagem tradicional do Paquistão às relações internacionais. Este resultado é mais provável se um governo de direita radical assumir o poder. Uma mudança interna desta natureza poderia fazer com que as armas nucleares deixassem de ser um instrumento puramente de segurança nacional e passassem a ser um instrumento de poder com uma base mais ideológica. Isto resultaria numa confrontação, muito provavelmente com os vizinhos não muçulmanos do Paquistão e com o Ocidente, e talvez numa dissuasão alargada ao mundo muçulmano. Este cenário é plausível, uma vez que os partidos políticos de direita têm dado a entender este efeito. No entanto, este futuro complicaria a relação do Paquistão com o mundo e poderia pôr em risco o programa nuclear do país.

Em suma, a luta de décadas do Paquistão para melhorar a sua situação precária em termos de segurança proporcionou-lhe segurança face ao seu principal adversário - a Índia. No entanto, à medida que o Paquistão se torna um Estado nuclear avançado, enfrenta ameaças assimétricas à sua segurança que exigem diferentes instrumentos de força convencional apoiados por esforços políticos, diplomáticos e económicos.

No verão de 2010, a nação paquistanesa foi devastada por uma das piores inundações registadas na história. Quase um terço do país ficou submerso sob as águas furiosas e cerca de dois terços das suas principais culturas e gado foram destruídos, deslocando quase 25 milhões de pessoas. Entretanto, a inflação de dois dígitos, o fraco crescimento, o desemprego e a corrupção maciça levaram o país a uma situação de "estagflação". Enquanto as forças armadas equilibram múltiplas contingências e o seu arsenal nuclear continua a crescer e a amadurecer, transformando-se numa força de dissuasão, as massas paquistanesas parecem destinadas a "comer erva e a passar fome". Talvez nunca tenha passado pela cabeça de Zulfiqar Ali Bhutto que as suas palavras se tornariam uma profecia que se cumpriria a si própria. Capítulo XIII-Referência:

[1] Feroze Hassan Khan :" Eating Grass" ; Pub. Stanford University Press, Stanford, E.U.A. (2012)

CAPÍTULO 14: FOOL'S GOLD

Os recursos nucleares do Paquistão podem seduzir os terroristas. No entanto, os peritos em segurança estão divididos quanto à ameaça real que está a ser colocada. Alguns desses peritos afirmam que os recursos nucleares do Paquistão estão à beira de serem apreendidos por terroristas. Outros peritos afirmam que esse risco é, na melhor das hipóteses, mínimo. Por conseguinte, a verdadeira avaliação da ameaça não foi feita até à data. Essa avaliação deve ir para além da mera consideração de supostas vulnerabilidades e de uma presumível capacidade terrorista.

O Paquistão sempre foi considerado uma fonte potencial de armas nucleares, mais especificamente para os cobiçados terroristas. Esta situação verificou-se mesmo antes de o Paquistão ter adquirido um programa nuclear de pleno direito. Além disso, este estatuto existia décadas antes de termos demonstrado uma capacidade de produção de explosivos nucleares. O Ocidente estava preocupado com a disseminação de tecnologias e conhecimentos nucleares a países politicamente instáveis. Os seus historiadores dos serviços secretos militares avisaram que um Paquistão com armas nucleares aumentaria exponencialmente a probabilidade de utilização de armas nucleares por terroristas. Atualmente, um coro internacional - bem oleado e orquestrado - continua a avisar que o Paquistão - atualmente armado com cerca de 200 armas nucleares - é o epicentro do islamismo violento. Suspeita-se que um grupo terrorista procura ativamente armas nucleares a partir deste país. Apesar das suspeitas, até que ponto o risco é real? Há dois grupos de especialistas que se posicionaram em extremos opostos do espetro do risco. Estes optimistas e pessimistas consideram variáveis válidas. No entanto, não avaliam todos os factores críticos. Estes factores incluem a análise necessária para uma avaliação da ameaça metodologicamente robusta e defensável, relativamente ao arsenal nuclear do Paquistão.

Os pessimistas, por outro lado, afirmam que o risco aumentou. Este grupo adverte que a segurança e a proteção dos materiais de armas nucleares no Paquistão podem muito bem ser comprometidas. E isso pode acontecer num futuro próximo. Há quase uma década que se apela a que os planos de contingência dos EUA tomem as seguintes medidas:[1]

1- Ou destrua,
2- Ou fixe temporariamente no sítio,
3- Ou exfiltrar,

activos nucleares paquistaneses. Tais acções deveriam ser iniciadas em caso de agitação civil generalizada. Ou no caso de um golpe governamental que conduza a um reforço das forças islamistas. Muito pelo contrário, os optimistas afirmam que a infraestrutura de armamento nuclear do Paquistão é segura. Afirmam que a ameaça representada pelos terroristas é exagerada. Estes optimistas argumentam que as percepções de vulnerabilidade não consideram adequadamente a implementação de várias precauções técnicas. Além disso, politizam os avanços no programa de fiabilidade do Paquistão. Além disso, os optimistas sublinham que o Paquistão mantém o seu arsenal nuclear num estado de dissimulação. Com isto querem dizer que as armas nucleares são mantidas numa forma bifurcada, em que os núcleos cindíveis das armas são separados dos componentes não nucleares. Estes dois componentes estão completamente separados da plataforma de lançamento. Os funcionários paquistaneses afirmam que, em alturas de crise iminente, como o impasse de 2001-2 com a Índia, estes componentes nunca foram acoplados. Ao manusear os componentes, ou uma arma intacta, o Paquistão afirma respeitar as regras de dois ou três homens. Por outro lado, uma seleção muito rigorosa do pessoal envolvido com armas nucleares é efectuada sob severa vigilância. Além disso, os optimistas minimizam a ameaça representada pelos islamistas violentos.[1] Também ignoram os riscos associados à instabilidade política interna. Em suma, os recursos nucleares do Paquistão ou estão à beira de serem apreendidos pelos terroristas, ou estão seguros. No entanto, com base em informações não classificadas, nenhuma das duas posições é sustentável. Nem a posição dos optimistas nem a dos pessimistas são defensáveis. De facto, ambas as posições se limitam a rever as presumíveis capacidades terroristas. Separadamente, verificam as supostas vulnerabilidades das armas nucleares do Paquistão. Infelizmente, hoje em dia, poucas avaliações consideram se os grupos paquistaneses relevantes estão ou não motivados para atacar estes bens. Além disso, não conseguem chegar a um consenso quanto aos possíveis objectivos operacionais dos terroristas. É devido a estas enormes lacunas nas actuais avaliações da ameaça que não é possível fazer determinações definitivas no que respeita à segurança das infra-estruturas nucleares do Paquistão.

A avaliação dos riscos é composta por duas grandes componentes 1: o risco e as consequências. Esta última não é relevante aqui, exceto no que diz respeito à forma como a perceção da gestão das consequências pelo atacante afecta a sua motivação e o seu método de ataque. A probabilidade é abordada através de um processo designado por avaliação da ameaça, que inclui três componentes. O primeiro e o segundo são avaliações do valor e da vulnerabilidade do ativo em questão. O terceiro é a probabilidade de um ataque, que depende de quem podem ser os atacantes, das suas motivações para um ataque e das suas capacidades percepcionadas. Ao avaliar a probabilidade de um ataque, nunca é demais sublinhar a importância da perceção que o atacante tem do valor e da vulnerabilidade do alvo. A Figura 1 ilustra esta interligação com a perceção do atacante representada por uma linha pontilhada.

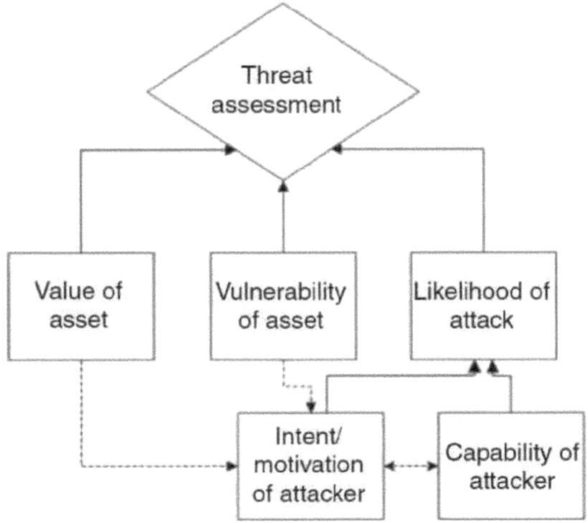

Fig- (1)

Até à data, não houve qualquer indicação pública de que os grupos terroristas estejam interessados em adquirir armas nucleares. As intenções dos terroristas de hoje permanecem em grande parte inexploradas pelos peritos em avaliação da segurança nuclear. Erroneamente, a intenção é essencialmente tratada como sendo apenas um derivado da capacidade de um grupo e da vulnerabilidade do alvo a ser atacado. Partindo do princípio de que os recursos nucleares do Paquistão estão em risco, temos de saber que grupos os podem ameaçar de forma credível. A Al Qaeda e os Neo-Taliban paquistaneses (PNT) são normalmente os que suscitam mais preocupações. No entanto, a Al Qaeda, por si só, ainda não efectuou ataques operacionalmente sofisticados no Paquistão. Os atentados relevantes da Al Qaeda no Paquistão têm estado estreitamente ligados a , mas não foram executados na sua totalidade por antigos combatentes da Caxemira, jihadistas estrangeiros e militantes tribais. Todos estes três últimos grupos são ramificações da PNT. Muitos analistas acreditam firmemente que os recursos nucleares do Paquistão estão a salvo de uma ameaça credível da Al Qaeda - pelo menos por enquanto.

Em suma, se a Al Qaeda atacasse os recursos nucleares, com o objetivo de os possuir, isso dependeria em grande medida do pessoal da PNT. Por conseguinte, é lógico concentrarmo-nos na PNT, mais especificamente no seu maior e mais capaz constituinte, o Tehrik-e-Taliban Pakistan, o TTP, ou seja, o movimento dos talibãs paquistaneses, que constitui a ameaça mais credível. Em grande parte uma organização de cúpula, o TTP é composto por dezenas de outros grupos e facções que se multiplicam e não se unem. Estas facções discordam, muitas vezes de forma violenta e veemente, quanto a objectivos tácticos e, por vezes, estratégicos.

Não sabemos ao certo qual o valor que o TTP atribui aos recursos nucleares paquistaneses. No entanto, o que é absolutamente claro é que o TTP e os seus aliados reconhecem o facto de a comunidade regional e internacional considerar o programa nuclear paquistanês como um elemento importante que afecta o meio geopolítico da região. Os nossos recursos nucleares não têm apenas um valor tangível - papel de dissuasão, combate à guerra - têm também um valor simbólico. O primeiro valor, no caso dos activos nucleares do Paquistão, é determinado pelo resultado de um ataque terrorista bem sucedido. Um ataque desse tipo apreende e remove ou utiliza armas e materiais nucleares in situ. Pelo contrário, o segundo valor permite resultados de ataque abaixo do ótimo - tentativas que são frustradas. Neste caso, o valor do ativo não é inteiramente endógeno. Também tem um carácter simbólico. Acontece frequentemente que mesmo uma ameaça credível de ataque a um alvo simbólico pode trazer benefícios para o atacante. Por conseguinte, podemos argumentar que, antes de determinar o valor de um determinado recurso nuclear paquistanês, é necessário ponderar a forma como o atacante é suscetível de definir o sucesso. A vulnerabilidade de um recurso está igualmente relacionada com dois factores:[1]

1- Qualidades objectivas mensuráveis
2- Perceção do atacante sobre a segurança dos activos.

Em geral, as decisões de ataque não são influenciadas pela perceção que o defensor tem da vulnerabilidade do alvo; pelo contrário, reflectem a perceção do atacante. No que diz respeito à vulnerabilidade do alvo, os informadores internos também podem ser capazes de informar o atacante em conformidade.

A probabilidade de um ataque é determinada por uma equação subjectiva. A probabilidade de um ataque é calculada, em parte, através da apreciação do valor percebido de um alvo, incluindo :

1- Instrumental ;
2- Simbólico

bem como a sua vulnerabilidade, tanto percebida como real. A probabilidade de um ataque é também crucialmente moldada pelas intenções e/ou motivações do atacante, juntamente com a perceção das suas capacidades inatas. A intenção do atacante é parcialmente regulada[b] y:

1- A perceção que o atacante tem do valor do alvo
2- E a vulnerabilidade do alvo.

Além disso, as motivações do atacante são influenciadas principalmente pelos três factores seguintes:

1- Uma agenda ideológica
2- Objectivos operacionais e..,
3- Capacidade operacional percebida.

É de facto perturbador constatar que os estudos sobre terrorismo nuclear revelam uma total desconsideração pelo papel central da ideologia na determinação da probabilidade de um grupo assegurar um arsenal nuclear. Isto é lamentável, pois a ideologia é muito provavelmente o fator mais forte para determinar a razão pela qual um grupo pode optar por seguir uma política que assegure a capacidade de possuir armas nucleares. Verificou-se, embora perfunctoriamente, que a ideologia dos terroristas é o motivo central. É ela que fornece a dinâmica inicial para as acções dos terroristas. A ideologia também estabelece o quadro moral em que actuam. A ideologia de um grupo é extremamente importante porque marca os inimigos do grupo como "inocentes" ou "culpados"; isto, por sua vez, acentua a ideia de que certas pessoas ou instituições são alvos legítimos. A ideologia é o motor comportamental dos extremistas. Os terroristas podem estar inibidos, por razões morais ou doutrinais, de efetuar ataques susceptíveis de causar baixas em massa. Em alternativa, os grupos que possuem uma escatologia apocalíptica podem muito bem ser atraídos para a obtenção de armas nucleares. Os grupos extremistas violentos estão absolutamente convencidos de que estão a cumprir as ordens de Deus. Estão certos de que qualquer ação que decidam empreender pode ser justificada, por mais perversa e hedionda que seja, uma vez que se pensa que os fins divinos justificam os meios.

Além disso, os objectivos operacionais de um grupo são um elemento central para determinar a intenção de atacar um determinado bem nuclear. Poderá haver também outros objectivos, mas o êxito da apreensão e do desvio de armas nucleares ou de materiais cindíveis, ou a sua utilização em posição, é provavelmente o objetivo mais provável de um ataque terrorista iminente contra os recursos nucleares do Paquistão. Embora partindo do princípio de que os grupos estão predispostos a atacar as infra-estruturas nucleares do Paquistão, os peritos são unânimes em considerar que um ataque desse tipo tem apenas o objetivo de apreender ou utilizar com êxito armas ou materiais nucleares. Isso faria com que o ataque fosse em grande parte instrumental. No caso de a intenção do grupo ser inteiramente simbólica, a crença em capacidades operacionais moderadas pode ser suficiente para satisfazer os requisitos do ataque. Uma avaliação mais precisa da ameaça dos materiais nucleares do Paquistão deveria medir a perceção que os terroristas têm do valor e da vulnerabilidade do bem. A motivação dos terroristas, baseada na ideologia, nos objectivos operacionais e nas capacidades, deve também ser tida em conta de forma crítica.[1]

Tanto os pessimistas como os optimistas afirmam ter um conhecimento exato das ameaças que a infraestrutura nuclear do Paquistão enfrenta. Os pessimistas empregam normalmente metodologias de avaliação de ameaças que inferem a motivação e a capacidade dos terroristas, assumindo que as salvaguardas nucleares do Paquistão reflectem as dos seus outros bens militares importantes. Os optimistas também demonstram metodologias erradas, argumentando que o comando e o controlo nucleares do Paquistão são assertivos e, consequentemente, imunes a utilizações não autorizadas. Estes optimistas, bastante imprudentes, afirmam que as forças armadas paquistanesas estão praticamente isentas de ameaças militantes. Fazem avaliações em grande parte artificiais e estáticas e podem estar desligados das realidades recentes.

A infraestrutura nuclear do Paquistão, tal como está, é alarmantemente insegura. A avaliação da ameaça em causa é normalmente reforçada por três factores de apoio:[1]

1- Os observadores acreditam geralmente que uma série de militantes que operam no Paquistão, nomeadamente o TTP, estão motivados para adquirir capacidade nuclear. Embora os militantes não tenham feito quaisquer declarações de intenções nucleares, os peritos apontam frequentemente para declarações ligadas à Al Qaeda, nomeadamente a fatwa de maio de 2003 emitida pelo xeique saudita Nasir ibn Hamid al Fahd, que autoriza a utilização de armas químicas, biológicas e nucleares (QBRN). Desde, pelo menos, 1994, certos grupos jihadistas, associados ao TTP, têm manifestado a sua vontade de adquirir armas QBRN. A partir de 2003, alguns responsáveis religiosos associaram esse desejo e essa cobiça.

2- Os pessimistas argumentam que o TTP não só está motivado como também é cada vez mais capaz de adquirir uma arma nuclear. De acordo com os especialistas, a sofisticação operacional de alguns ataques - especificamente o ataque do TTP ao quartel-general do exército paquistanês em Rawalpindi, em outubro de 2009 - reflecte modalidades que se transformam num modelo virtual para um ataque bem sucedido a uma instalação de armas nucleares.

3- Os comentadores pessimistas alertam para o facto de os elementos críticos das infra-estruturas nucleares do Paquistão serem vulneráveis a certos tipos de ataques terroristas. As inseguranças percebidas são geralmente inferidas dos seguintes factores:

(a) Parte-se do princípio de que, com a proliferação de armas nucleares e a sua dispersão por um número crescente de locais, os desafios de segurança são cada vez maiores neste país. A evolução qualitativa do seu arsenal constitui uma preocupação adicional, incluindo a miniaturização das ogivas, que permite a criação de cabeças de guerra mais fáceis de apreender e transportar.

(b) A determinação do Paquistão em expandir o seu arsenal sugere que poderá estar a aumentar a sua postura nuclear para incluir uma escalada assimétrica. Ao alargar o sistema de lançamento para uma utilização preventiva de armas nucleares contra as forças indianas dentro das suas fronteiras, o Paquistão precisa de dispersar as ogivas. Uma pré-delegação destas cabeças de guerra fora do comando central permitiria aos comandantes locais utilizar armas nucleares, tecnicamente designadas por "capacidade de lançamento periférica". Com os terroristas a operarem num ambiente de pré-delegação, teriam mais hipóteses de se apoderarem e levarem consigo armas nucleares que não estão estritamente sob o controlo centralizado do Estado.

(c) Com o crescimento das infra-estruturas nucleares paquistanesas, cada vez mais pessoas têm acesso a material, dados, códigos e informações sensíveis: existem cavalos de Troia na rede nuclear e nunca é de excluir um conluio interno, sobretudo depois do ataque de maio de 2011 à base de aviação naval de Mehran - e há todas as probabilidades de uma invasão semelhante das instalações de armamento nuclear.

Resumindo, os pessimistas afirmam que grupos como o TTP têm a motivação, a capacidade e, devido às vulnerabilidades, a oportunidade de se apoderarem ou utilizarem com sucesso os recursos nucleares paquistaneses in situ. No entanto, a avaliação de risco dos pessimistas baseia-se inteiramente em inferências.

Passemos agora aos optimistas e à sua avaliação do risco que, mais uma vez, se baseia na inferência. Curiosamente, tanto os pessimistas como os optimistas são consensuais em dois aspectos fundamentais:

1- Aceitam que os islamistas violentos estão motivados para adquirir os activos nucleares paquistaneses;
2- Ambos concordam que o TTP está a demonstrar uma capacidade crescente para conduzir operações sofisticadas.

No que diz respeito à perceção das vulnerabilidades dos activos, é aqui que estes peritos divergem.

No que diz respeito à pré-delegação, os optimistas contrariam a posição dos pessimistas afirmando que o Paquistão mantém provavelmente um comando nuclear centralizado por três razões principais:

1- A agitação interna do Paquistão exige uma estreita proteção do arsenal e medidas rigorosas para evitar a apreensão de componentes de armas nucleares e a sua detonação acidental ou não autorizada.
2- O Paquistão tem de apaziguar as preocupações dos EUA em matéria de comando e controlo nuclear para manter um fluxo de ajuda generoso e ininterrupto.
3- O Paquistão deve mostrar à Índia que o seu arsenal é estável, tanto em tempo de paz como de crise, para evitar a possibilidade

de um ataque convencional ou nuclear "preventivo".

Os optimistas, embora reconheçam a presença de militantes no seio das forças armadas, argumentam que a possibilidade de um golpe militar liderado por islamistas e a consequente posse de armas nucleares por terroristas é extremamente remota. No caso de os islamistas tomarem efetivamente o poder, os optimistas afirmam que não procurariam alterar a política externa do Paquistão - um comportamento que excluiria a colaboração nuclear com os militantes. No que diz respeito ao conluio interno, as tentativas de tomada do poder falhariam, uma vez que os elementos desonestos teriam de abrir caminho através de várias camadas de pessoal altamente motivado e armado até aos dentes.

Tal como o autor argumentou anteriormente, a postura nuclear do Paquistão está a mudar para uma configuração que abraça a luta de guerra e a pré-delegação. É provável que o controlo centralizado das armas nucleares seja, na melhor das hipóteses, parcial, especialmente em períodos de turbulência. Depois de quase uma década de guerra civil, que culminou no Zarb- e Azb, as forças armadas paquistanesas começam a dar sinais de um novo conluio terrorista, desta vez com grupos que se opõem ativamente aos Estados Unidos e a outras potências ocidentais. A partir de hoje, Imran Khan está a liderar uma prisão em Lahore. A instabilidade política está muito próxima. A diferença entre os que têm e os que não têm é um buraco sempre a abrir-se. Cada dia é um fardo. Os Herodes não estão nem aí. A conspiração nos corredores está a soar a sentença de morte para os governantes. Um vazio no topo não demorará muito a formar-se. Esse vazio terá de ser preenchido. Os militantes fá-lo-ão em conluio com o exército. A arma nuclear que este país levou várias décadas a obter; perderam-se tantas vidas na luta; o homem que estava disposto a comer erva mas a tornar o Paquistão nuclear foi enforcado. Todo o esforço, por mais meticuloso e sedutor que tenha sido, pode vir a revelar-se em vão - a glória que acabou por ser alcançada pode, afinal, ter sido uma glória vã. A grande detonação que transformou a colina de Chaghai, no Baluchistão, num branco amarelado ---pode implodir e destruir o próprio tecido deste país. O ouro que todos tentámos extrair nas colinas de Chaghai pode vir a revelar-se, no fim de contas, ouro de tolo!!! .

Um desenvolvimento mais recente é o da presença do sanguinário IS[2] (Estado Islâmico); ISIS (Estado Islâmico do Iraque e da Síria) ou Daesh no Paquistão. Trata-se do mais extremista de todos os grupos terroristas presentes neste país. [3]

Os meios de comunicação social paquistaneses noticiaram recentemente que um grupo de dez comandantes do ISIS se encontra atualmente no Baluchistão para procurar obter a lealdade do Tehrik -e-Taliban Pakistan (TTP) e do Movimento para a Liberdade Baluque. Este facto ocorreu poucas semanas depois de o TTP, dirigido por Maulana Fazlullah, ter manifestado o seu apoio ao grupo terrorista e jurado fidelidade ao líder do EIIL, Abu Bakr al-Baghdadi. No entanto, não foi só Maulana Fazlullah que se aliou ao EI, outro grupo local, Jamaat Ahrar, também declarou o seu apoio ao EI. O líder do Jamaatul Ahrar, Ehsan ullah Ehsan, foi citado pela Reuters como tendo dito: "Respeitamo-los. Se nos pedirem ajuda, analisá-la-emos e tomaremos uma decisão". O TTP e seis altas individualidades declararam lealdade ao ISIS.

A presença do ISIS foi também confirmada pelo governo paquistanês. Um oficial de segurança paquistanês foi citado pelos meios de comunicação social paquistaneses como tendo dito: "Encontrámo-los há 22 dias e estamos cientes da sua presença aqui .... As agências de segurança paquistanesas estão a trabalhar na fronteira entre o Paquistão e o Afeganistão, tendo detido vários combatentes talibãs e recuperado CDs, mapas e literatura em persa, pachto e dari. Não permitiremos que eles actuem no nosso país e o governo esmagará todos os que estiverem envolvidos nesta situação".

A presença do ISIS no Paquistão e a fidelidade dos grupos TTP é uma notícia verdadeiramente preocupante e é suscetível de ter consequências graves para um país que já se encontra em crise devido a uma governação incompetente, a crises económicas e a tensões políticas. No entanto, esta não é a única razão por detrás do desejo do ISIS de iniciar operações no Paquistão. Há vários pontos encorajadores que levaram o ISIS ao país que já se encontra num miasma.

1- Uma grande parte do Paquistão, o Baluchistão e a FATA, está a ser alvo de bifurcações. O apoio do ISIS aos combatentes da liberdade do Baluchistão e aos jihadistas da FATA acelerará o processo de libertação destas províncias, que acabarão por se tornar a base do ISIS na região.

2- O Paquistão não só abrigou o terrorista mais procurado do mundo, Osama bin Laden, como também o protegeu durante vários anos dentro da sua cidade militar, Abbottabad.

3- O Paquistão também protege Ayman Al Zawahiri, Jalal din Haqani, Mullah Omer e muitos outros. Abu Bakr al Baghdadi também será saudado calorosamente.

4- O Paquistão tem milhares de madressahs radicais (escolas religiosas muçulmanas) que podem facilmente produzir tantos guerreiros para o ISIS quantos quiserem.

5- O Paquistão tem mullahs (pregadores) radicais que podem facilmente justificar a missão e as actividades do ISIS no Paquistão.

6- O Paquistão tem potencial para produzir e fornecer tantos bombistas suicidas quantos forem necessários.

7- O establishment militar do Paquistão é uma entidade amiga do terrorismo que considera os grupos terroristas como activos estratégicos para a guerra por procuração na Índia e no Afeganistão

8- A atual violência sectária nas províncias paquistanesas do Baluchistão e de Khyber Pakhtunkhwa (KPK) oferece maiores oportunidades para o ISIS operar no Paquistão.

Atualmente, é impossível para o ISIS construir uma bomba nuclear a partir do zero. Para o fazer, seriam necessárias grandes instalações industriais para enriquecer urânio, milhares de milhões de dólares e giga watts de energia. Mas se conseguissem obter o urânio altamente enriquecido - cerca de 30 quilos seriam suficientes, mais ou menos do tamanho de uma bola de futebol, é possível que pudessem reunir o equipamento e uma pequena equipa técnica para construir a bomba. É necessária uma operação complicada e sofisticada, mas o ISIS tem a capacidade necessária.

Nunca encontrámos um grupo terrorista como o ISIS. A brutalidade demonstrada e a sua vontade de matar um grande número de inocentes é chocante, mas é agora o tipo de terrorismo com que nos familiarizámos nas últimas duas décadas. O ISIS tem três capacidades que catapultam a ameaça para além de tudo o que já foi visto: controlo de grandes territórios urbanos, enormes quantidades de dinheiro em espécie superiores a 2 mil milhões de dólares e uma rede global de recrutas. Com estes recursos, poderia adquirir ilicitamente o material nuclear para uma bomba em locais de armazenamento vulneráveis no Paquistão e, possivelmente, também conhecimentos nucleares. Os materiais nucleares utilizáveis em armas continuam a ser "perigosamente vulneráveis", com sistemas de segurança que não oferecem uma proteção eficaz contra todo o espetro de ameaças plausíveis de adversários. Subsistem lacunas importantes na segurança das zonas de material de bombas do Paquistão, que albergam ogivas nucleares e foram alvo de ataques de militantes, embora furtivos. A crescente ameaça do ISIS, as ligações com o Paquistão e as contínuas falhas na segurança das reservas estão novamente a levantar bandeiras vermelhas. A melhor linha de defesa é impedir que o ISIS se apodere de material nuclear. No entanto, com o apoio passivo aos militantes, mesmo no seio do exército, este esforço pode ser em vão. Repetindo, o esforço paquistanês de aquisição de armas nucleares, que durou mais de duas décadas e custou milhares de milhões de dólares, pode não passar de um esforço de aquisição de "OURO DE TOLO", se de alguma forma estas ADM caírem nas mãos de militantes, mais concretamente do ISIS, que nem sequer pestanejará para ativar o

Armagedão.

Capítulo XIV: Referência:

[1] Charles P. Blair:' Fatwas for Fission' ' Bulletin of the Atomic
Scientists' 67(6)19-33(2011)

[2] http://www.sharnoffsglobalviews.com/isis-pakistan-nukes-419/

[3] https://en.wikipedia.org/wiki/Islamic_State_of_Iraq e
_the_Levant)

CAPÍTULO 15: EPÍLOGO

O Paquistão possui cerca de duzentas armas nucleares , enquanto a sua procura de segurança continua. Em 2011, vários acontecimentos importantes abalaram o Estado paquistanês, suscitando uma série de preocupações: uma crise de identidade nacional entre moderados e conservadores; o destino da sua jovem democracia; e o futuro das relações entre os EUA e o Paquistão. As lutas internas e externas continuam a avolumar-se. O ano de 2011 começou com os assassinatos brutais do governador liberal do Punjab, Salman Taseer, em 4 de janeiro de 2011, e, alguns meses mais tarde, do ministro da minoria cristã, Shahbaz, em Islamabad, incitados pelo fundamentalismo islâmico que viu aquele Estado sob o medo de represálias. Em consequência, estes incidentes desencadearam um debate interno sobre o destino do país. Nesse mesmo mês, Raymond Davis, contratado pela CIA, matou dois cidadãos paquistaneses em Lahore, desencadeando uma cólera sem precedentes entre os paquistaneses. Esta questão acabou por ser resolvida após o pagamento de dinheiro de sangue à família das vítimas, mas desencadeou um nível de desconfiança entre os aliados na guerra contra o terrorismo.

A 2 de maio de 2011, num espetacular raid nas profundezas do Paquistão, na cidade de Abbot bad, os Navy SEALs dos EUA mataram Osama bin Laden. Nenhum incidente na história recente foi tão sensacional e chocante. A operação de Abbot Bad criou uma intensa controvérsia no país, uma vez que foi vista como uma violação da soberania do Paquistão.[2] Seguiram-se declarações oficiais de funcionários do governo dos Estados Unidos alegando complacência ou cumplicidade das forças de segurança paquistanesas.[3] Depois veio o ataque de 26 de novembro de 2011, conduzido por forças norte-americanas no posto de controlo do exército paquistanês em Salala, na fronteira com o Afeganistão, que matou vinte e sete soldados e oficiais; provou ser a proverbial "gota de água" e levou as relações entre os Estados Unidos e o Paquistão a um ponto mais baixo de sempre.

Estas operações militares furaram o balão de incerteza e desconfiança que tinha amadurecido progressivamente ao longo da década desde que o Paquistão se juntou à guerra contra o terrorismo na sequência do 11 de setembro de 2011. A combinação destes factores serviu para agravar o sentimento anti-americano no país, que é reforçado pelos teóricos da conspiração e pela direita de ambos os lados.

A Comissão Nacional de Engenharia e Ciência do Paquistão (NESCOM) desenvolveu o Veículo Aéreo Não Tripulado (UAV) Burraq, que, no futuro, poderá ser armado como um Predator com um maior alcance, conferindo-lhe as capacidades de um veículo aéreo de combate não tripulado ou de um míssil de cruzeiro. O seu alcance atual é de 1250 km, o que pode proporcionar uma capacidade reforçada de costa a costa num sentido.

No Sul da Ásia, há trajectórias claras nas linhas de tendência nuclear que indicam novas doutrinas de segurança, modernizações de forças e inovações tecnológicas que estão a conduzir a região a uma corrida ao armamento nuclear. O fim da rivalidade com a Índia, a estabilização do Afeganistão e a resolução de uma série de questões internas seriam um ganho final para toda a região, especialmente se abrirem os corredores comerciais e energéticos entre a Ásia Central e a Ásia do Sul.

Especificamente, no caso do Paquistão, alcançar o equilíbrio no número de forças convencionais e a modernização, em conjunto com o progresso nas relações bilaterais com a Índia, é a chave para reduzir o número de armas nucleares. A estabilidade política do Paquistão ainda é incerta, e o futuro da estabilidade estratégica à luz destes desenvolvimentos e modernizações ainda não está assegurado. Sem dúvida, a próxima década será de tensão e ceticismo contínuos. É necessário um diálogo e uma compreensão contínuos do ambiente nuclear e das doutrinas de segurança na região para manter afastado qualquer conflito.

O ano de 2014 foi o mais agonizante para o Paquistão - o maior ataque terrorista com o número máximo de vítimas de sempre na história do terrorismo paquistanês teve lugar na terceira semana de dezembro de 2014, quando o encorajado TTP atacou crianças inocentes numa escola pública do exército em Peshawar, no KPK; afirma-se que mais de 135 crianças da escola, com idades compreendidas entre os cinco e os quinze anos, foram massacradas a sangue frio por seis terroristas que falavam árabe e que podem ter pertencido ao EI. Os seis militantes foram todos mortos, mas isso não é grande consolo. O Paquistão está a rebentar pelas costuras - as forças extremistas em ação estão a agitar enormes tendências centrípetas e fissiparas que podem vir a ser a nossa ruína. Os políticos estão a discutir. Imran Khan, um político popular com um passado menos manchado, abalou a estabilidade do país com os seus sit ins em Islamabad e lockouts em cidades importantes. Este facto conduziu ainda mais à fragmentação da nossa segurança, já de si fragmentada. A única hipótese de salvação pode ser chamar as Forças Armadas de volta aos quartéis.

A ÚLTIMA PALAVRA Alguns dos antigos Herodes foram chamados à Terra da Canção Eterna:

1- **O Dr. AQ Khan, especialista em enriquecimento, terminou a sua carreira em 10 de outubro de 2021, com 85 anos de idade.**

2- **MA Khan, ex-presidente da PAEC, morreu em 1999 com 73 anos**

3- **O Dr. Ishfaq Ahmed, Presidente da PAEC, expirou em 2018 com 88 anos de idade. Irá este país tornar-se numa necrópole?**

1- **O impasse político conduziu a uma grave instabilidade no país.**

2- **O ex-primeiro-ministro Imran Khan está a cumprir uma pena de prisão prolongada na sequência do ataque e profanação de 217 instalações militares pelos trabalhadores do seu partido em 9 de maio de 2023.**

Printed by Books on Demand GmbH, Norderstedt / Germany